滨海区域综合承载力
理论与实践研究

李明昌　著
张光玉　主审

天津大学出版社
TIANJIN UNIVERSITY PRESS

内 容 简 介

本书以系统论思想为基础核心，系统阐述了滨海区域综合承载力理论内涵与特点；建立了非线性集对分析、云理论及其相耦合的滨海区域综合承载力评价方法、步骤与模型；在系统、全面地分析了2004—2013年天津滨海区域环境生态问题的基础上，科学评价了近十年天津滨海区域综合承载力状况；建立了平行坐标、多尺度趋势分析的海洋生态环境可视化分析方法，系统分析了近十年天津近岸海域水环境、生态和底质沉积物质量状况及其发展趋势；建立了与涉海工程建设有机结合的多模型预测性承载力评价方法与模型，为环境影响研究提供了技术支撑。上述研究对于准确评价人类经济社会发展过程中的承载力和分析承载力制约因素具有重要意义，并可为区域管理与决策提供重要依据。

图书在版编目（CIP）数据

滨海区域综合承载力理论与实践研究/李明昌著. 张光玉
主审. —天津：天津大学出版社，2015.4
ISBN 978-7-5618-5283-5

Ⅰ.①滨…　Ⅱ.①李…②张…　Ⅲ.①海滨－区域环境
－环境承载力－研究－天津市　Ⅳ.①X321.221

中国版本图书馆 CIP 数据核字（2015）第 078548 号

出版发行	天津大学出版社
地　　址	天津市卫津路 92 号天津大学内（邮编：300072）
电　　话	发行部：022-27403647
网　　址	publish.tju.edu.cn
印　　刷	北京京华虎彩印刷有限公司
经　　销	全国各地新华书店
开　　本	169mm×239mm
印　　张	10
字　　数	177 千
版　　次	2015 年 5 月第 1 版
印　　次	2015 年 5 月第 1 次
定　　价	35.00 元

前　　言

随着人类对陆地和海洋的不断开发与利用,导致赖以生存的资源基础正在遭受持续的破坏,引发了资源供需矛盾和生态环境恶化等一系列问题。自然界对人类经济社会活动的承受能力是衡量区域可持续发展的一个重要判据。综合评价人类经济社会发展过程中的自然承载力,分析并判断自然承载力的制约因素,对于正确判断人类社会行为是否与生态环境条件及人类需求相协调,进而为管理与决策提供重要依据,是保护人类生存环境、实现经济社会可持续发展的重要前提。

本书分为两部分。第 1 部分为"滨海区域综合承载力理论",共 4 章,主要内容包括:在简述承载力概念起源,提出区域综合承载力概念的基础上,重点阐述了以系统论思想为核心的滨海区域综合承载力的内涵与特点;建立了基于非线性集对分析的单系统与多子系统综合评价方法、步骤与模型;以云理论为基础,通过期望、熵和超熵三个数字特征反映其随机性和模糊性的特点,实现定性概念与定量数值之间的不确定性转换,建立了基于云理论的综合评价方法、步骤与模型;结合云理论和集对分析方法的优点,建立了云理论与集对分析相耦合的综合评价方法、步骤与模型;建立了基于数据驱动模型人工神经网络算法的承载力评价与预测模型;建立了基于单指标预测的综合承载力间接预测方法体系。第 2 部分为"滨海区域综合承载力实践",应用非线性集对分析、云理论及其耦合方法和模型,评价并分析了近十年天津滨海区域综合承载力状况,共 4 章:首先简要介绍了天津滨海区域的自然、社会和近岸海域开发建设状况;提出并建立了基于平行坐标、多尺度趋势分析的海洋生态环境可视化分析方法,系统分析了近十年天津近岸海域水环境、生态和底质沉积物质量状况及其发展趋势;较为全面地分析了天津滨海区域及近岸海域生态环境问题及其成因,以系统论思想为核心,构建了天津滨海区域综合承载力评价指标体系,包括经济、人口、资源、社会、生活和环境 6 个子系统,共 41 个评价指标;以多子系统集对分析方法为基础,采用岭型和幂函数两种具体的非线性隶属函数形式改进联系度,提高评价指标等级归属程度,系统评价并分析了近十年天津滨海区域综合承载力及其制约因素,并与云理论及两者相耦合的方法进行了对比分析;将滨海区域综合承载力评价与预测方法进行引申,以潮流水动力、水交换、悬浮物扩散和泥沙等多个数学模型数值模拟以及生物量损失核算公式计算为依据,以云理论等综合评价方法为核心,将工程建设前后水动力改变量、水交换改变率、泥沙冲淤、生态损失等作为评价指标,建立涉海工程建设多模型预测性综合承载力评价方法与模型,并应用于天津港东疆港区第二港岛和锦州港龙栖湾港区涉海工程建设的综合承载力评价。

本书以滨海区域综合承载力为主要研究对象,建立了多种数值方法与数学模型,研究成果对于环境质量状况、涉海工程建设环境影响和区域可持续发展等多个方面研究均具有一定的指导和借鉴意义,可供环境科学相关领域的管理人员和科研人员参考阅读。本项研究工作得到了国家自然基金委自然科学基金资助项目"海域污染事件源搜索方法研究"(51209110)、天津市科技兴海项目"半岛式、离岸式用海模式的研究"(KJXH 2011—17)以及中央级公益性科研院所基本科研业务费专项资金项目"海陆复合环境承载力评价与预测方法研究"(TKS 090204)、"重大涉海工程累积环境影响评价方法研究"(KJFZJJ 2011—01)、"深海资源承载力预测性评价模型及围填海规划布局研究"(TKS 130215)等项目的资助与支持。

特别感谢以下人员对项目研究提供的帮助和支持。

交通运输部天津水运工程科学研究院:戴明新、张华庆、朱建华、周斌、李欣、赵英杰、毛天宇、司琦、田明晶、杨细根、刘爱珍、焦润红、朱宇新、王莹、李广楼、叶伟、高清军等领导和海岸与海洋资源环境研究中心的全体同事(特别感谢张光玉研究员对本书研究内容所提供的指导)。

大连理工大学:孙昭晨教授、梁书秀副教授。

天津大学:尤学一教授。

区域综合承载力涉及经济、社会、环境、生态、生物等多个学科领域以及数据挖掘、环境数值模拟与预测、时间序列分析等多个专业技术领域。本书以系统论思想为核心,建立了多种综合评价方法与模型,构建了天津滨海区域承载力评价指标体系,评价并分析了近十年天津滨海区域的综合承载力状况,但研究中仍存在一些不足之处和纰漏,有待今后进一步深入研究和逐步完善,也希望读者不吝赐教,以促进相关领域的研究。

李明昌

2014 年 11 月 6 日

目　　录

第 1 部分　滨海区域
综合承载力理论

1 概述

1.1 承载力概念的起源及其发展

承载力是正确判断人类社会行为是否与环境、生态条件及人类需求相协调的主要衡量标志,是及时掌握区域发展制约因素的重要手段,是区域监督管理与决策的科学依据,逐渐受到了专家、学者和管理人员的广泛关注和重视。

自英国学者 Malthus 在《人口原理》一书中提出人口承载力的概念基础(Seidl & Tisdell,1999)后,许多国内外学者针对承载力的定义、评价与预测等问题进行了大量的研究。

承载力已经从最初的人口承载力研究延伸到土地承载力、矿产资源承载力、环境承载力、水资源承载力、生态承载力和旅游承载力等诸多领域,发展了指标体系综合评价法(贾振邦等,1995)、单个与多目标最优决策分析法(程国栋,2002)、系统动力学仿真模型法(毛汉英和余丹林,2001)、软计算系统分析法(王俭等,2007)和生态足迹法(Rees,1992)等多种评价方法,取得了大量的研究成果:Clarke(2002)评价了美国佛罗里达 Keys 流域的承载力;Chen 等(2000)应用驱动—状态—响应法研究了中国台湾中港河流域的环境承载力;毛汉英等(2001)应用系统动力学模型研究了环渤海地区的承载力;惠泱河等(2001)建立了评价指标体系和评价方法并对关中地区的水资源承载力进行了研究;韩增林等(2006)建立了以系统动力学为基础的海域承载力评价与预测方法体系,并对辽宁海域承载力发展状况进行了预测(狄乾斌和韩增林,2005);曾敏(2006)利用元胞自动机模型对环渤海地区的承载力进行了预测研究;蒋晓辉等(2001)建立了区域水环境承载力的大系统分解协调模型,寻求提高关中地区水环境的最优策略;赵卫等(2008)应用系统动力学原理建立了辽河流域水环境承载力仿真模型,并提出了优化管理方案;符国基等(2008)在分析生态足迹承载力理论方法缺陷的基础上,采用"实际供给法"计算并分析了海南省的自然生态承载力;王开运等(2005)应用系统动力学方法综合分析了崇明岛的生态承载力,并提出生态建设的建议;曾维华等(2008)应用多目标优化方法建立了区域承载力优化模型,并对通州区的环境、人口和经济进行了综合评价;惠泱河等(2001)应用自然—人工二元模式的系统动力学方法进行了水资源承载力的评价研究;张天宇(2008)应用熵值状态空间法评价了青岛市的环境承载力;张衍广(2008)采用多尺度统计动力预测模型从人口、经济、土地和水资源几方面研究了山东省的承载力;陈楷根(2002)从承载力剩余率的角度,探讨了福州市的区域环境承载力等。但上述方法本身都存在一定的优缺点(杨维等,2008),同时具有不能及时发现承载力制约因子的缺陷。

1.2　区域综合承载力概念的提出

资源、环境与人类社会等子系统相互作用,组成了一个复杂的开放系统,其中资源、环境、经济和社会等多个子系统,相互作用、互为耦合、缺一不可。从系统论的角度,个体与个体、个体与整体、整体与外部环境之间是有机联系的,整体性、动态性和目的性是系统的三大基本特征(魏宏森和曾国屏,2009)。因此,将事物作为一个整体来考察与研究,更符合马克思主义关于物质世界普遍联系的哲学原理。

承载力研究同样符合上述系统的理论与思想,单一子系统承载力的研究,极易忽略其他子系统的关联作用,研究结果难免失之片面,如对于环境承载力,土地、经济、人口等子系统是其重要的支撑载体和依托,单一环境系统的承载力研究虽然对环境管理具有一定的指导意义,但由于角度过于片面,亦不能及时发现其制约因素。

无论哪种承载力研究,均旨在为区域发展提供理论指导和管理手段,区域综合承载力是将研究区域作为一个有机的系统来综合考量的,这个系统包含相互联系和相互作用的全部子系统,如资源、环境、经济、社会等。因此,区域综合承载力研究是判断区域可持续发展最有效、最可靠、最合理的方法,符合整体性这一重要的系统特征。

2　滨海区域综合承载力理论

2.1　滨海区域综合承载力内涵与特点

任何国家的滨海区域均是本国发展程度最高、功能最为完备、所占经济总量最大的重要区域,人口稠密、经济活跃、土地等资源利用率高、生态环境压力大是其共同的基本特征。因此,滨海区域的可持续发展是全社会关注的焦点,研究滨海区域经济社会发展中的承载力问题是实现可持续发展、健康发展、和谐发展的重要手段和有效依据。

滨海区域综合承载力是从系统整体性的角度,综合考虑区域资源、环境、经济、社会、人口等众多子系统所组成的开放系统,将环境的最终承受者——海洋、大气环境等纳入系统之中,综合考量滨海区域发展中的可承载能力(如图 2.1 所示),其具有如下特点。

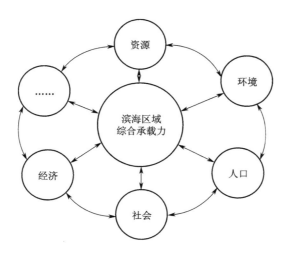

图 2.1　滨海区域综合承载力系统构成示意

1. 综合性

综合性是滨海区域综合承载力系统最重要的特征之一,是系统整体性、完整性的重要体现。以往的承载力研究,对资源、经济和社会关注较多,对于环境的最终承受者——海洋、大气环境等，则很少真正涉及。滨海区域综合承载力完整地将区域内的资源、环境、经济、社会、人口等众多子系统纳入综合系统之中，形成了一个相互联系、相互作用的有机整体，更能充分体现承载力研究的完整性、合理性和有效性。

2. 复杂性

一个综合的、完整的系统包含为数众多的子系统，各子系统相互联系、相互作用，不断竞争、演化，却又相互依存，构成了一个复杂的有机整体。各子系统之间、子系统与综合系统之间、系统与外部系统之间，都存在着复杂的相互作用关系，这种关系具有很强的非线性和不确定性，较难把握。因此，复杂性是滨海区域综合承载力系统的另一个重要特点。

3. 动态性

综合系统中各子系统之间相互作用、不断转化，这种能量和作用的传递无时无刻不在进行，实时动态变化是滨海区域综合承载力系统的又一个重要特征。如海洋作为环境受体的引入，不同时期的人类活动对海洋的开发与改造，在改变海洋动力、海底地形、海洋生态环境等的同时，也影响着海洋对其自身和其他子系统的作用，这既是系统复杂性，也是系统动态变化特性的重要体现。

除此之外，滨海区域综合承载力系统还表现为资源有限、环境有限、承载力有限的有限特性，人类干预所体现的部分可控性、可调节性以及某些无法通过人力调节而改变的客观性等特点。

2.2　滨海区域综合承载力评价方法

科学有效的评价方法是确定滨海区域综合承载力的重要手段。评价的实质是评价因子与评价标准相结合的分析过程。因此，前述的承载力评价方法同样适用于滨海区域综合承载力评价，但均存在一定的问题。现对目前应用较为广泛的系统动力学、生态足迹、层次分析、模糊综合评价和智能软计算分析等评价方法简要分析如下。

1. 系统动力学方法

系统动力学方法是一种以反馈控制理论为基础，以计算机仿真为手段，通过系统结构、功能和各部分动态行为的计算机模拟与仿真，处理高阶次、非线性、时变的复杂问题，实现系统过程的重演与预测。自美国麻省理工学院的福雷斯特教授创立系统动力学方法以来，系统动力学方法已成功地应用于企业、城市、地区、国家甚至世界规模的战略与决策分析，并发展出众多的商业化模型（张波等，2010）。尽管系统动力学方法可以较好地把握系统内的各种反馈关系，并广泛地应用于承载力研究之中

（杨梅忠等，2011），但对系统规律性的认识、发掘系统内部诸因素的联系与相互促进的动力机制和系统内大量参数的不确定性等问题是该方法开展的难点。

2. 生态足迹方法

生态足迹方法是通过以生物生产性土地（或水域）面积来表示特定数量人群按照某一种生活方式所消费的各种商品和服务以及环境（生态系统）吸纳废弃物的需求和自然生态系统实际供给的比较，定量地判断某一国家或地区的可持续发展状态的一种分析评价方法。生态足迹方法在20世纪90年代初由加拿大大不列颠哥伦比亚大学规划与资源生态学教授里斯提出，并得到了广泛的实际应用（彭利民等，2011）。生态足迹方法中转化因子的确定受多种因素影响，具有较强的非线性，难以量化，如人类活动方式、管理水平提高和技术进步等因素。

3. 层次分析方法

层次分析方法是将决策者对复杂系统的决策思维过程模型化、数量化的一种定性与定量相结合的决策分析方法。层次分析方法通过将复杂问题分解为若干层次和若干因素，在各因素之间进行简单的比较和计算，得出不同方案的权重，为最佳方案的选择提供依据。层次分析方法因其清晰的分析思路而得到了较大的发展与广泛的应用（李新等，2011），但方法本身仍存在某些不足之处（吴殿廷和李东方，2004）。

4. 模糊综合评价方法

模糊综合评价方法是一种基于模糊数学的综合评价方法，通过模糊数学的隶属度理论把定性评价转化为定量评价，即以隶属度判断与综合，对受到多种因素影响与制约的事物或对象做出一个总体的评判。模糊综合评价方法具有结果清晰、系统性强的特点，可较好地解决模糊与难以量化的实际问题，在承载力研究中已得到了较多应用（李跃鹏等，2010），但仍存在一定的局限性（杨维等，2008）。

5. 智能软计算分析方法

智能软计算分析方法是指以人工智能技术为基础的分析评价方法体系，人工神经网络和遗传算法等智能算法是其中较常采用的方法模型。人工神经网络模型以其在非线性关系拟合与求解问题上的优势（李明昌等，2007），在承载力领域获得了较好的应用（柴磊，2007）；而遗传算法在承载力评价中的应用较少（董益华等，2007），更多地是体现在其对神经网络结构权重的优化之中（李淑霞，2004）。

从严格意义上讲，层次分析方法、模糊综合评价方法和智能软计算分析方法均属于将评价指标与标准区间进行对照、判断和选择的一类指标体系评价方法（杨维等，2008；李玮等，2010）。除此之外，主成分分析方法（王维维等，2010）、集对分析方法（姚治华等，2010）、云理论方法（曹玉升等，2010）等在承载力研究中也有应用。

2.3　滨海区域综合承载力预测方法

　　滨海区域综合承载力预测是指导滨海区域未来发展规划的重要依据,是区域科学有效管理的重要手段。滨海区域综合承载力可采用直接和间接两大类方式进行预测,其中直接预测方法是指以综合承载力评价为基础,以多年综合承载力时间序列特征分析为手段的承载力时间序列预测方法,该方法仅以时间序列分析为依据,可采用ARIMA 模型(赵琳和郇亚丽,2010)和人工神经网络模型(李明昌等,2010)等预测工具,但多年的综合承载力时间序列不能充分、完整地体现滨海区域综合承载力系统中复杂的非线性关系,因此这种直接预测方法的合理性、可靠性和有效性无法保障。而间接预测方法(李明昌等,2014)的预测对象是滨海区域综合承载力系统中各子系统的每一个评价指标,它是在对每一个评价指标进行预测之后,再以特定的评价方法对预测的指标进行综合评价的过程,是综合承载力分解预测的一种方法。这种预测方法充分体现了各子系统、各指标的内涵、特点和演化规律,其相应的模拟预测模型更能保证预测的精度,具有较好的合理性和可靠性,但整个预测过程涉及面广,较为复杂,难度较大。

3 滨海区域综合承载力评价方法

3.1 基于数据驱动人工神经网络模型的综合评价方法

3.1.1 数据驱动模型基本原理

传统的工程数值模型是建立在对系统物理过程具有良好理解的基础之上的,称为知识驱动模型(或过程驱动模型等)。在模型当中,系统物理规律以方程的形式予以表达,并通过有限差分、有限元等数值方法求解,观测数据用于模型验证。

相反,所谓的数据驱动模型(Solomatine,2002)是在有限地了解系统物理知识的基础上,仅以系统状态变量作为模型输入、输出,分析系统数据的特点,建立系统状态变量之间的对应关系。数据驱动模型以人工神经网络、模糊逻辑、专家系统和机器学习等方法实现。数据驱动模型是单纯地建立输入、输出数据之间的映射关系,区别于知识驱动模型建立确定性描述两者之间的物理规律的方程。同数据驱动模型相比,知识驱动模型需要详细的系统物理知识去刻画系统的物理过程。数据驱动模型有如下的表达式:

$$(y_1, \cdots, y_i, \cdots, y_m) = F(x_1, \cdots, x_i, \cdots, x_n) \tag{3.1}$$

式中:$(x_1, \cdots, x_i, \cdots, x_n)$ 和 $(y_1, \cdots, y_i, \cdots, y_m)$ 分别为系统的输入、输出变量;F 是反映输入、输出变量之间非线性关系的函数。

3.1.2 人工神经网络基本原理

人工神经网络是一种复杂的非线性信息处理系统。自 1943 年,心理学家 Warren McCulloch 和数理学家 Walter Pitts 从信息处理的角度出发,采用数理模型的方法,提出了形式神经元模型(MP 模型)以来,人工神经网络方法飞速发展,现已在模式识别、非线性动力系统的辨识、预报预测等领域得到了广泛的应用,并取得了良好的效果。

BP 神经网络即倒传播网络模型(Rumelhart et al,1986),是最为重要的神经网络模型之一,也是人工神经网络模型中最具代表性和应用最广泛的一种模型。BP 神经网络的基本原理是利用最小下降法将误差函数最小化。误差的逆向传播是其核心。

1. BP 神经网络架构

BP 神经网络是非线性变换单元组成的前馈型网络,一般由三个神经元层次组成,即输入层、输出层和隐含层(如图 3.1 所示)。各层的处理单元之间形成了全互联,同一层内的处理单元之间没有连接。

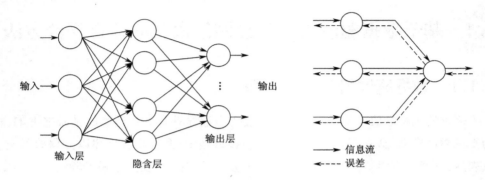

图 3.1　BP 神经网络模型结构示意

尽管 BP 神经网络能通过多个具有简单处理功能的神经元的复合作用,使网络具有非线性映射能力,同时具有理论上的完善性和广泛的实用性,但算法本身却存在如下问题。

1)局部极小点问题

基于 BP 神经网络的误差曲面有三个特点:第一,全局最小误差点可能不止一个;第二,存在一些平坦区,在此区域内误差较小,而 BP 神经网络对此的映射能力存在不足;第三,存在许多局部极小点,BP 神经网络的算法采用误差梯度下降的方法调整网络权重,能导致网络的训练结果落入局部极小点。

2)算法收敛速度慢

BP 神经网络通过误差逆向传播的方法调整网络权重,以实现对客观现象的识别,对非线性方程的识别一般需要几千次,而更为复杂的非线性关系和不确定的模糊关系所需时间更长,收敛速度慢是其一个弱点。

3)隐含层节点数确定困难

关于隐含层节点数的确定,目前尚未有一个可靠的指导理论,大多是采用试算法。

2. 经典 BP 神经网络的改进

BP 神经网络的改进主要是为了提高网络的训练速度和精度以及避免陷入局部

极小点。

1）常用的方法

①初始权重的优化。

②学习速率的自适应调整。

③附加动量项: $\Delta w(t+1) = -\eta \dfrac{\partial E}{\partial w} + m\Delta w(t)$,式中 m 是动量系数,且 $0 < m < 0.9$ 。

2）算法的具体设置（李明昌等,2008）

（1）神经元函数

神经元函数选用如下式所示的双曲型 Sigmoid 函数（S 型函数）:

$$f(x) = \frac{1}{1 + e^{-x+\theta}} \tag{3.2}$$

式中: θ 表示阈值。

（2）误差函数

算法中采用均方根误差（$RMSE$）评价网络的学习和预测能力,其表达式为

$$RMSE = \sqrt{\frac{\sum\limits_{i=1}^{n}(Y_i - \overline{Y}_i)^2}{\sum\limits_{i=1}^{n} Y_i^2}} \tag{3.3}$$

式中: n 表示样本数; Y_i 表示实测值; $\overline{Y}_i$ 表示神经网络预测值。

（3）数据预处理

对 BP 神经网络中的所有数据进行统一标准的归一化处理:

$$\overline{Y}_i = \frac{Y_i - Y_{\min}}{Y_{\max} - Y_{\min}} \tag{3.4}$$

式中: $\overline{Y}_i$ 表示归一化后的值; Y_i 表示归一化前的值; $Y_{\max}$ 表示所有数据中的最大值; $Y_{\min}$ 表示所有数据中的最小值。

3.1.3　基于人工神经网络的综合评价方法与过程

以数据驱动神经网络方法为基础,构建滨海区域综合承载力评价模型,模型基本架构如图 3.2 所示,其中输入层为不同子区域内承载力影响因子;输出层包括两层,分别为子区域的承载力等级和综合承载力等级,具体的网络参数按文献（李明昌等,2007）所示方法计算得出。

综合承载力评价具体步骤如下。

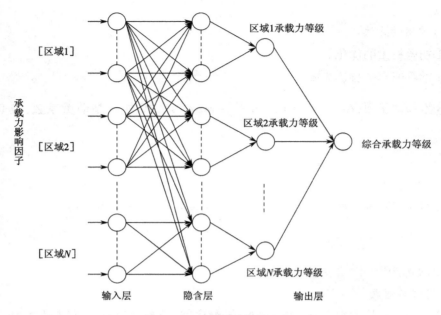

图 3.2　神经网络架构示意

1. 基础模型构建

以数据驱动神经网络方法为基础,构建承载力影响因子与承载力等级的非线性关系映射模型,如图 3.2 所示。

2. 非线性关系建立

以承载力影响因子分级标准和等级为样本数据,输入神经网络模型中学习,经拟合获得承载力影响因子与承载力等级之间的非线性关系。

3. 承载力综合评价

将承载力影响因子实际数据输入上面建立的非线性关系,以下式确定综合承载力:

$$CC = \frac{1}{N} \sum_{\varepsilon=1}^{N} CC^{\varepsilon} \tag{3.5}$$

式中:N 为区域数;CC 为承载力;CC^{ε} 为子区域 ε 的承载力,计算公式如式(3.6)所示。

$$CC^{\varepsilon} = \frac{1}{m} \sum_{k=1}^{m} CC^{k} \tag{3.6}$$

式中:m 为评价指标数;CC^{k} 为第 k 个评价指标的承载力。

4. 承载力等级判定

采用"择近原则",以海明贴近度(吴士力,2008)进行最终承载力等级的判定。

3.2 基于非线性集对分析的多子系统综合评价方法

3.2.1 集对分析基本原理

世间万物是相互依存、相互影响、相互制约的,不存在独立于其他事物的情况,仅是事物与事物的联系的紧密程度有所差异,由此组成了庞大的不确定性系统。

集对分析理论是一种新的不确定性分析理论,其核心是将不确定性系统中的每个事物划分为一个个对子,通过联系度分析每个对子之间的相互关系,进而判别事物之间的所属关系。集对分析理论由我国学者赵克勤于1989年提出,现已广泛应用于数学、经济、资源、管理与环境等诸多领域。

集对 $H(A,B)$ 是指由两个具有一定联系的集合(A 和 B)所组成的不确定性系统,从同一性、差异性和对立性三个方面对集对进行分析,组成同异反联系度矩阵,表征集合 A 与 B 相联系的程度,如式(3.7)所示。

$$\boldsymbol{\mu}_{A\sim B} = \frac{s}{n} + \frac{f}{n}i + \frac{p}{n}j \tag{3.7}$$

式中:s 为同一性个数;f 为差异性个数;p 为对立性个数;n 为集合 A 和 B 的特性个数;i 为差异不确定系数;j 为对立系数。i 和 j 起标记作用。令 $a = \frac{s}{n}$,$b = \frac{f}{n}$,$c = \frac{p}{n}$,则 a,b,c 分别为集合 A 和 B 某一特性的同一度、差异度和对立度。有

$$\boldsymbol{\mu}_{A\sim B} = a + bi + cj \tag{3.8}$$

式中:$a + b + c = 1$。

将上述三元联系度进一步拓展,可得如下多元联系度:

$$\boldsymbol{\mu}_{A\sim B} = a + b_1 i_1 + b_2 i_2 + \cdots + b_m i_m + cj \tag{3.9}$$

式中:$a + b_1 + b_2 + \cdots + b_m + c = 1$;$b_1, b_2, \cdots, b_m$ 为差异度分量;$i_1, i_2, \cdots, i_m$ 为差异分量系数。

3.2.2 基于非线性集对分析的单系统评价方法与过程

集对评价方法是以集对分析原理为依据,计算评价指标和各级指标标准两集合相联系的程度,判断评价指标所属等级的过程。基于非线性集对分析的单系统评价方法过程如图3.3所示,具体的评价步骤如下。

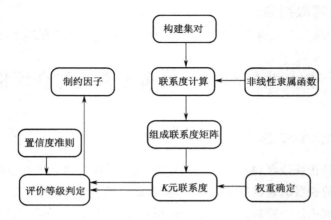

图3.3　单系统非线性集对评价方法过程示意

1. 构建集对

集对评价是将 m 个评价样本集合 $A_l\{x_l:l=1,2,\cdots,m\}$ 和对应的 K 级指标标准 $B_k(k=1,2,\cdots,K)$ 构成相互联系的集对 $H(A_l,B_k)$,则集对 $H(A_l,B_k)$ 的联系度为

$$\boldsymbol{\mu}_l = \boldsymbol{\mu}_{A_l \sim B_k} = a_l + b_{l,1}i_1 + b_{l,2}i_2 + \cdots + b_{l,K-2}i_{K-2} + c_l j \tag{3.10}$$

式中:a_l 为评价指标 x_l 与一级标准的同一度;$b_{l,1}$ 为评价指标 x_l 与二级标准的差异度;$b_{l,2}$ 为评价指标 x_l 与三级标准的差异度;$b_{l,K-2}$ 为评价指标 x_l 与 $K-1$ 级标准的差异度;c_l 为评价指标 x_l 与 K 级标准的对立度。

2. 联系度计算

对于 K 级评价而言,评价标准的个数决定了联系度矩阵 $\boldsymbol{\mu}_l$ 的计算方式。当具有 K 个评价标准,且评价指标越小越好时($s_1 \leqslant s_2 \leqslant \cdots \leqslant s_{K-1} \leqslant s_K$):

$$\boldsymbol{\mu}_l = \begin{cases} 1 + 0i_1 + 0i_2 + \cdots + 0i_{K-2} + 0j, & x_l \leqslant s_1 \\ \varphi_1'(x_l) + [1 - \varphi_1'(x_l)]i_1 + 0i_2 + \cdots + 0i_{K-2} + 0j, & s_1 < x_l \leqslant s_2 \\ 0 + \varphi_2'(x_l)i_1 + [1 - \varphi_2'(x_l)]i_2 + \cdots + 0i_{K-2} + 0j, & s_2 < x_l \leqslant s_3 \\ \cdots\cdots \\ 0 + 0i_1 + 0i_2 + \cdots + \varphi_{K-1}'(x_l)i_{K-2} + [1 - \varphi_{K-1}'(x_l)]j, & s_{K-1} < x_l \leqslant s_K \\ 0 + 0i_1 + 0i_2 + \cdots + 0i_{K-2} + 1j, & x_l > s_K \end{cases}$$

$$\tag{3.11}$$

当具有 K 个评价标准,且评价指标越大越好时($s_1 \geqslant s_2 \geqslant \cdots \geqslant s_{K-1} \geqslant s_K$):

$$\boldsymbol{\mu}_l = \begin{cases} 1 + 0i_1 + 0i_2 + \cdots + 0i_{K-2} + 0j, x_l \geq s_1 \\ \varphi_1''(x_l) + [1 - \varphi_1''(x_l)]i_1 + 0i_2 + \cdots + 0i_{K-2} + 0j, s_2 \leq x_l < s_1 \\ 0 + \varphi_2''(x_l)i_1 + [1 - \varphi_2''(x_l)]i_2 + \cdots + 0i_{K-2} + 0j, s_3 \leq x_l < s_2 \\ \cdots\cdots \\ 0 + 0i_1 + 0i_2 + \cdots + \varphi_{K-1}''(x_l)i_{K-2} + [1 - \varphi_{K-1}''(x_l)]j, s_K \leq x_l < s_{K-1} \\ 0 + 0i_1 + 0i_2 + \cdots + 0i_{K-2} + 1j, x_l < s_K \end{cases}$$

$$(3.12)$$

当具有 $K - 1$ 个评价标准，且评价指标越小越好时（$s_1 \leq s_2 \leq \cdots \leq s_{K-1}$）：

$$\boldsymbol{\mu}_l = \begin{cases} 1 + 0i_1 + 0i_2 + \cdots + 0i_{K-2} + 0j, x_l \leq s_1 \\ \varphi_1'''(x_l) + [1 - \varphi_1'''(x_l)]i_1 + 0i_2 + \cdots + 0i_{K-2} + 0j, s_1 < x_l \leq (s_1 + s_2)/2 \\ 0 + \varphi_2'''(x_l)i_1 + [1 - \varphi_2'''(x_l)]i_2 + \cdots + 0i_{K-2} + 0j, (s_1 + s_2)/2 < x_l \leq (s_2 + s_3)/2 \\ \cdots\cdots \\ 0 + 0i_1 + 0i_2 + \cdots + \varphi_{K-1}'''(x_l)i_{K-2} + [1 - \varphi_{K-1}'''(x_l)]j, (s_{K-2} + s_{K-1})/2 < x_l \leq s_{K-1} \\ 0 + 0i_1 + 0i_2 + \cdots + 0i_{K-2} + 1j, x_l > s_{K-1} \end{cases}$$

$$(3.13)$$

当具有 $K - 1$ 个评价标准，且评价指标越大越好时（$s_1 \geq s_2 \geq \cdots \geq s_{K-1}$）：

$$\boldsymbol{\mu}_l = \begin{cases} 1 + 0i_1 + 0i_2 + \cdots + 0i_{K-2} + 0j, x_l \geq s_1 \\ \varphi_1''''(x_l) + [1 - \varphi_1''''(x_l)]i_1 + 0i_2 + \cdots + 0i_{K-2} + 0j, (s_1 + s_2)/2 \leq x_l < s_1 \\ 0 + \varphi_2''''(x_l)i_1 + [1 - \varphi_2''''(x_l)]i_2 + \cdots + 0i_{K-2} + 0j, (s_2 + s_3)/2 \leq x_l < (s_1 + s_2)/2 \\ \cdots\cdots \\ 0 + 0i_1 + 0i_2 + \cdots + \varphi_{K-1}''''(x_l)i_{K-2} + [1 - \varphi_{K-1}''''(x_l)]j, s_{K-1} \leq x_l < (s_{K-2} + s_{K-1})/2 \\ 0 + 0i_1 + 0i_2 + \cdots + 0i_{K-2} + 1j, x_l < s_{K-1} \end{cases}$$

$$(3.14)$$

根据不同的评价指标 x_l，在式（3.11）至式（3.14）中选择相应的公式，计算各自的同异反联系度 $\boldsymbol{\mu}_l$，并组成 $m \times K$ 阶的联系度矩阵 $[\boldsymbol{\mu}_l(a), \boldsymbol{\mu}_l(b_1), \boldsymbol{\mu}_l(b_2), \cdots, \boldsymbol{\mu}_l(b_{K-2}), \boldsymbol{\mu}_l(c)]$（其中，函数 φ 为隶属函数，可采用线性的矩形和梯形函数；亦可采用提高评价指标等级归属程度的非线性函数，如岭型、正态、柯西函数等；$\boldsymbol{\mu}_l(a)$ 为同一度；$\boldsymbol{\mu}_l(b_1), \boldsymbol{\mu}_l(b_2), \cdots, \boldsymbol{\mu}_l(b_{K-2})$ 为差异度；$\boldsymbol{\mu}_l(c)$ 为对立度）。

3. K 元联系度 $[\boldsymbol{\mu}(k), k = 1, 2, \cdots, K]$ 的计算

根据联系度矩阵 $[\boldsymbol{\mu}_l(a), \boldsymbol{\mu}_l(b_1), \boldsymbol{\mu}_l(b_2), \cdots, \boldsymbol{\mu}_l(b_{K-2}), \boldsymbol{\mu}_l(c)]$ 和指标权重 A_l，确

定 K 元联系度如下：

$$\left.\begin{aligned}
\boldsymbol{\mu}(a) &= \sum_{l=1}^{m} A_l \times \boldsymbol{\mu}_l(a) \\
\boldsymbol{\mu}(b_1) &= \sum_{l=1}^{m} A_l \times \boldsymbol{\mu}_l(b_1) \\
\boldsymbol{\mu}(b_2) &= \sum_{l=1}^{m} A_l \times \boldsymbol{\mu}_l(b_2) \\
&\cdots\cdots \\
\boldsymbol{\mu}(b_{K-2}) &= \sum_{l=1}^{m} A_l \times \boldsymbol{\mu}_l(b_{K-2}) \\
\boldsymbol{\mu}(c) &= \sum_{l=1}^{m} A_l \times \boldsymbol{\mu}_l(c)
\end{aligned}\right\} \tag{3.15}$$

一个评价系统中,各指标在不同地点的作用是有差异的,应根据不同指标对 $\boldsymbol{\mu}$ 的贡献程度,分别确定评价区域内不同地点的指标权重 A_l,可用主、客观或两者相结合的赋权方法(王文圣等,2009)。

4. 评价等级判定

属性识别具有多种判断准则,采用置信度准则(程乾生,1997)判定评价样本所属级别。

将式(3.15)中的 K 元联系度 $\boldsymbol{\mu}(a)$,$\boldsymbol{\mu}(b_1)$,$\boldsymbol{\mu}(b_2)$,$\cdots$,$\boldsymbol{\mu}(b_{K-2})$,$\boldsymbol{\mu}(c)$ 按顺序累加,若累加和大于置信度 $\lambda(\lambda \in [0.50, 0.70]$,越大则评价越严格(程乾生,1997)),则累加到的级别即为评价样本的所属级别。

3.2.3　基于非线性集对分析的多子系统评价方法与过程

对于具有 N 个子系统的综合评价体系,基于非线性集对分析的多子系统评价方法过程如图 3.4 所示,具体的评价步骤如下。

每个子系统 $\varepsilon(\varepsilon = 1, 2, \cdots, N)$ 按步骤 1 至 3 评价。

1. 构建集对

集对评价是将 m 个评价样本集合 $A_l^\varepsilon(x_l^\varepsilon : l = 1, 2, \cdots, m)$ 和对应的 K 级指标标准 $B_k^\varepsilon(k = 1, 2, \cdots, K)$ 构成相互联系的集对 $H(A_l^\varepsilon, B_k^\varepsilon)$,则集对 $H(A_l^\varepsilon, B_k^\varepsilon)$ 的联系度为

$$\boldsymbol{\mu}_l^\varepsilon = \boldsymbol{\mu}_{A_l^\varepsilon \sim B_k^\varepsilon} = a_l^\varepsilon + b_{l,1}^\varepsilon i_1 + b_{l,2}^\varepsilon i_2 + \cdots + b_{l,K-2}^\varepsilon i_{K-2} + c_l^\varepsilon j \tag{3.16}$$

式中:a_l^ε 为评价指标 x_l^ε 与一级标准的同一度;$b_{l,1}^\varepsilon$ 为评价指标 x_l^ε 与二级标准的差异

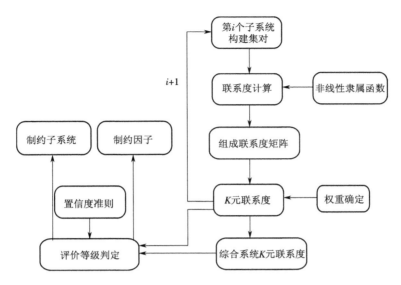

图3.4　多子系统非线性集对评价方法过程示意

度;$b_{i,2}^{\varepsilon}$为评价指标x_l^{ε}与三级标准的差异度;$b_{l,K-2}^{\varepsilon}$为评价指标x_l^{ε}与$K-1$级标准的差异度;c_i^{ε}为评价指标x_l^{ε}与K级标准的对立度。

2.联系度计算

对于K级评价而言,评价标准的个数决定了联系度矩阵$\boldsymbol{\mu}_l^{\varepsilon}$的计算方式。当具有$K$个评价标准,且评价指标越小越好时($s_1 \leqslant s_2 \leqslant \cdots \leqslant s_{K-1} \leqslant s_K$):

$$\boldsymbol{\mu}_l^{\varepsilon} = \begin{cases} 1 + 0i_1 + 0i_2 + \cdots + 0i_{K-2} + 0j, x_l \leqslant s_1 \\ \varphi'_1(x_l) + [1 - \varphi'_1(x_l)]i_1 + 0i_2 + \cdots + 0i_{K-2} + 0j, s_1 < x_l \leqslant s_2 \\ 0 + \varphi'_2(x_l)i_1 + [1 - \varphi'_2(x_l)]i_2 + \cdots + 0i_{K-2} + 0j, s_2 < x_l \leqslant s_3 \\ \cdots\cdots \\ 0 + 0i_1 + 0i_2 + \cdots + \varphi'_{K-1}(x_l)i_{K-2} + [1 - \varphi'_{K-1}(x_l)]j, s_{K-1} < x_l \leqslant s_K \\ 0 + 0i_1 + 0i_2 + \cdots + 0i_{K-2} + 1j, x_l > s_K \end{cases}$$

$$(3.17)$$

当具有K个评价标准,且评价指标越大越好时($s_1 \geqslant s_2 \geqslant \cdots \geqslant s_{K-1} \geqslant s_K$):

$$\boldsymbol{\mu}_l^\varepsilon = \begin{cases} 1 + 0i_1 + 0i_2 + \cdots + 0i_{K-2} + 0j, x_l \geqslant s_1 \\ \varphi_1''(x_l) + [1 - \varphi_1''(x_l)]i_1 + 0i_2 + \cdots + 0i_{K-2} + 0j, s_2 \leqslant x_l < s_1 \\ 0 + \varphi_2''(x_l)i_1 + [1 - \varphi_2''(x_l)]i_2 + \cdots + 0i_{K-2} + 0j, s_3 \leqslant x_l < s_2 \\ \cdots\cdots \\ 0 + 0i_1 + 0i_2 + \cdots + \varphi_{K-1}''(x_l)i_{K-2} + [1 - \varphi_{K-1}''(x_l)]j, s_K \leqslant x_l < s_{K-1} \\ 0 + 0i_1 + 0i_2 + \cdots + 0i_{K-2} + 1j, x_l < s_K \end{cases}$$

(3.18)

当具有 $K-1$ 个评价标准,且评价指标越小越好时($s_1 \leqslant s_2 \leqslant \cdots \leqslant s_{K-1}$):

$$\boldsymbol{\mu}_l^\varepsilon = \begin{cases} 1 + 0i_1 + 0i_2 + \cdots + 0i_{K-2} + 0j, x_l \leqslant s_1 \\ \varphi_1'''(x_l) + [1 - \varphi_1'''(x_l)]i_1 + 0i_2 + \cdots + 0i_{K-2} + 0j, s_1 < x_l \leqslant \dfrac{s_1 + s_2}{2} \\ 0 + \varphi_2'''(x_l)i_1 + [1 - \varphi_2'''(x_l)]i_2 + \cdots + 0i_{K-2} + 0j, \dfrac{s_1 + s_2}{2} < x_l \leqslant \dfrac{s_2 + s_3}{2} \\ \cdots\cdots \\ 0 + 0i_1 + 0i_2 + \cdots + \varphi_{K-1}'''(x_l)i_{K-2} + [1 - \varphi_{K-1}'''(x_l)]j, \dfrac{s_{K-2} + s_{K-1}}{2} < x_l \leqslant s_{K-1} \\ 0 + 0i_1 + 0i_2 + \cdots + 0i_{K-2} + 1j, x_l > s_{K-1} \end{cases}$$

(3.19)

当具有 $K-1$ 个评价标准,且评价指标越大越好时($s_1 \geqslant s_2 \geqslant \cdots \geqslant s_{K-1}$):

$$\boldsymbol{\mu}_l^\varepsilon = \begin{cases} 1 + 0i_1 + 0i_2 + \cdots + 0i_{K-2} + 0j, x_l \geqslant s_1 \\ \varphi_1''''(x_l) + [1 - \varphi_1''''(x_l)]i_1 + 0i_2 + \cdots + 0i_{K-2} + 0j, \dfrac{s_1 + s_2}{2} \leqslant x_l < s_1 \\ 0 + \varphi_2''''(x_l)i_1 + [1 - \varphi_2''''(x_l)]i_2 + \cdots + 0i_{K-2} + 0j, \dfrac{s_2 + s_3}{2} \leqslant x_l < \dfrac{s_1 + s_2}{2} \\ \cdots\cdots \\ 0 + 0i_1 + 0i_2 + \cdots + \varphi_{K-1}''''(x_l)i_{K-2} + [1 - \varphi_{K-1}''''(x_l)]j, s_{K-1} \leqslant x_l < \dfrac{s_{K-2} + s_{K-1}}{2} \\ 0 + 0i_1 + 0i_2 + \cdots + 0i_{K-2} + 1j, x_l < s_{K-1} \end{cases}$$

(3.20)

根据不同的评价指标 x_l^ε,在式(3.17)至式(3.20)中选择相应的公式,计算各自的联系度 $\boldsymbol{\mu}_l^\varepsilon$,并组成 $m \times K$ 阶的联系度矩阵 $[\boldsymbol{\mu}_l^\varepsilon(a), \boldsymbol{\mu}_l^\varepsilon(b_1), \boldsymbol{\mu}_l^\varepsilon(b_2), \cdots, \boldsymbol{\mu}_l^\varepsilon(b_{K-2}),$ $\boldsymbol{\mu}_l^\varepsilon(c)]$(其中,函数 φ 为隶属函数,可采用线性的矩形和梯形函数;亦可采用提高评

价指标归属程度的非线性函数,如岭型、正态、柯西函数等)。

3. K 元联系度〔$\boldsymbol{\mu}^{\varepsilon}(k)$,$k=1,2,\cdots,K$〕的计算

根据联系度矩阵〔$\boldsymbol{\mu}_l^{\varepsilon}(a)$,$\boldsymbol{\mu}_l^{\varepsilon}(b_1)$,$\boldsymbol{\mu}_l^{\varepsilon}(b_2)$,$\cdots$,$\boldsymbol{\mu}_l^{\varepsilon}(b_{K-2})$,$\boldsymbol{\mu}_l^{\varepsilon}(c)$〕和指标权重 A_l^{ε},确定 K 元联系度如下:

$$
\left.
\begin{aligned}
\boldsymbol{\mu}^{\varepsilon}(a) &= \sum_{l=1}^{m} A_l^{\varepsilon} \times \boldsymbol{\mu}_l^{\varepsilon}(a) \\
\boldsymbol{\mu}^{\varepsilon}(b_1) &= \sum_{l=1}^{m} A_l^{\varepsilon} \times \boldsymbol{\mu}_l^{\varepsilon}(b_1) \\
\boldsymbol{\mu}^{\varepsilon}(b_2) &= \sum_{l=1}^{m} A_l^{\varepsilon} \times \boldsymbol{\mu}_l^{\varepsilon}(b_2) \\
&\cdots\cdots \\
\boldsymbol{\mu}^{\varepsilon}(b_{K-2}) &= \sum_{l=1}^{m} A_l^{\varepsilon} \times \boldsymbol{\mu}_l^{\varepsilon}(b_{K-2}) \\
\boldsymbol{\mu}^{\varepsilon}(c) &= \sum_{l=1}^{m} A_l^{\varepsilon} \times \boldsymbol{\mu}_l^{\varepsilon}(c)
\end{aligned}
\right\}
\tag{3.21}
$$

一个评价子系统中,各指标在不同地点的作用是有差异的,应根据不同指标对 $\boldsymbol{\mu}^{\varepsilon}$ 的贡献程度,分别确定评价区域内不同地点的指标权重 A_l^{ε},可用主、客观或两者相结合的赋权方法(王文圣等,2009)。

4. 综合系统 K 元联系度计算

将多个子系统的 K 元联系度 $\boldsymbol{\mu}^{\varepsilon}(a)$,$\boldsymbol{\mu}^{\varepsilon}(b_1)$,$\boldsymbol{\mu}^{\varepsilon}(b_2)$,$\cdots$,$\boldsymbol{\mu}^{\varepsilon}(b_{K-2})$,$\boldsymbol{\mu}^{\varepsilon}(c)$ 耦合在一起,确定综合系统的 K 元联系度如下:

$$
\left.
\begin{aligned}
\boldsymbol{\mu}(a) &= \frac{1}{N} \sum_{\varepsilon=1}^{N} \boldsymbol{\mu}^{\varepsilon}(a) \\
\boldsymbol{\mu}(b_1) &= \frac{1}{N} \sum_{\varepsilon=1}^{N} \boldsymbol{\mu}^{\varepsilon}(b_1) \\
\boldsymbol{\mu}(b_2) &= \frac{1}{N} \sum_{\varepsilon=1}^{N} \boldsymbol{\mu}^{\varepsilon}(b_2) \\
&\cdots\cdots \\
\boldsymbol{\mu}(b_{K-2}) &= \frac{1}{N} \sum_{\varepsilon=1}^{N} \boldsymbol{\mu}^{\varepsilon}(b_{K-2}) \\
\boldsymbol{\mu}(c) &= \frac{1}{N} \sum_{\varepsilon=1}^{N} \boldsymbol{\mu}^{\varepsilon}(c)
\end{aligned}
\right\}
\tag{3.22}
$$

5. 评价等级判定

属性识别具有多种判断准则,采用置信度准则(程乾生,1997)判定评价样本所属级别。

将式(3.21)和式(3.22)中的 K 元联系度 $\mu^\varepsilon(a)$,$\mu^\varepsilon(b_1)$,$\mu^\varepsilon(b_2)$,$\cdots$,$\mu^\varepsilon(b_{K-2})$,$\mu^\varepsilon(c)$ 和 $\mu(a)$,$\mu(b_1)$,$\mu(b_2)$,$\cdots$,$\mu(b_{K-2})$,$\mu(c)$ 分别按顺序累加,判断子系统和综合系统的所属级别,若累加和大于置信度 λ($\lambda \in [0.50,0.70]$,越大则评价越严格(程乾生,1997)),则累加到的级别即为评价样本的所属级别。

3.3　基于云理论的综合评价方法

3.3.1　云理论基本原理

不确定性是客观世界绝大多数事物和现象的基本属性之一,用概念的方法把握量的不确定性更具有普遍意义。云模型正是通过期望、熵和超熵三个数字特征来反映客观世界中概念的随机性和模糊性,实现定性概念与定量数值之间的不确定性转换的。

云模型是在概率与模糊数学的理论基础之上,通过特定算法所形成的定性概念与定量数值之间的不确定性转换模型,由我国学者李德毅提出,该模型反映了随机性和模糊性之间的关联,构成了定性和定量间的相互映射,现已被应用于系统评测、算法改进、决策支持、智能控制、数据挖掘、知识发现和网络安全等多个方面(付斌等,2011)。

3.3.2　基于云理论的综合评价方法与过程

根据云理论随机性和模糊性的特点,建立了基于云理论的综合评价方法,其过程如图3.5所示,具体步骤如下。

1. 构建评价指标标准集

对于具有 n 个评价指标($i=1,2,\cdots,n$),m 个指标等级($j=1,2,\cdots,m$)的综合评价体系,分别设定指标上、下限为 x_{ij}^s,x_{ij}^x($i=1,2,\cdots,n$;$j=1,2,\cdots,m$),并组成指标标准集矩阵,如式(3.23)所示。

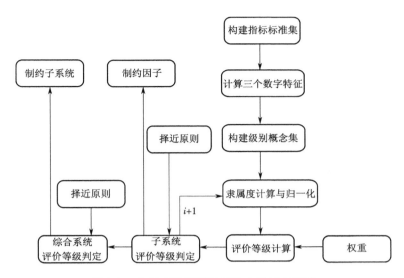

图 3.5 多子系统云理论评价方法过程示意

$$\begin{pmatrix} (x_{11}^{s},x_{11}^{x}) & (x_{12}^{s},x_{12}^{x}) & \cdots & (x_{1j}^{s},x_{1j}^{x}) & \cdots & (x_{1m}^{s},x_{1m}^{x}) \\ (x_{21}^{s},x_{21}^{x}) & (x_{22}^{s},x_{22}^{x}) & \cdots & (x_{2j}^{s},x_{2j}^{x}) & \cdots & (x_{2m}^{s},x_{2m}^{x}) \\ \vdots & \vdots & & \vdots & & \vdots \\ (x_{i1}^{s},x_{i1}^{x}) & (x_{i2}^{s},x_{i2}^{x}) & \cdots & (x_{ij}^{s},x_{ij}^{x}) & \cdots & (x_{im}^{s},x_{im}^{x}) \\ \vdots & \vdots & & \vdots & & \vdots \\ (x_{n1}^{s},x_{n1}^{x}) & (x_{n2}^{s},x_{n2}^{x}) & \cdots & (x_{nj}^{s},x_{nj}^{x}) & \cdots & (x_{nm}^{s},x_{nm}^{x}) \end{pmatrix} \tag{3.23}$$

2. 指标标准集期望、熵和超熵的确定

根据式(3.24)、式(3.25)和式(3.26),计算指标标准集的数学期望、熵和超熵(曹玉升等,2010)。

$$E_{x_{ij}} = \frac{1}{2}(x_{ij}^{s} + x_{ij}^{x}) \quad i = 1,2,\cdots,n;j = 1,2,\cdots,m \tag{3.24}$$

$$E_{n_{ij}} = \frac{x_{ij}^{s} - x_{ij}^{x}}{2.355} \quad i = 1,2,\cdots,n;j = 1,2,\cdots,m \tag{3.25}$$

$$H_{e_{ij}} = \frac{1}{n} \quad i = 1,2,\cdots,n;j = 1,2,\cdots,m \tag{3.26}$$

3. 构建级别概念集

将计算获得的每一组期望、熵和超熵集合,构成级别概念集矩阵,如式(3.27)所示。

$$\begin{pmatrix} (E_{x_{11}},E_{n_{11}},H_{e_{11}}) & (E_{x_{12}},E_{n_{12}},H_{e_{12}}) & \cdots & (E_{x_{1m}},E_{n_{1m}},H_{e_{1m}}) \\ (E_{x_{21}},E_{n_{21}},H_{e_{21}}) & (E_{x_{22}},E_{n_{22}},H_{e_{22}}) & \cdots & (E_{x_{2m}},E_{n_{2m}},H_{e_{2m}}) \\ \vdots & \vdots & & \vdots \\ (E_{x_{n1}},E_{n_{n1}},H_{e_{n1}}) & (E_{x_{n2}},E_{n_{n2}},H_{e_{n2}}) & \cdots & (E_{x_{nm}},E_{n_{nm}},H_{e_{nm}}) \end{pmatrix} \tag{3.27}$$

4. 隶属度矩阵归一化计算

针对 N 个子区域, 子区域 $\varepsilon(\varepsilon=1,2,\cdots,N)$ 的评价指标集合为 $y_i^{\varepsilon}\big|_{i=1,2,\cdots,n}$, 按式 (3.28) 计算子区域 ε 的初步指标隶属度, 其中 $E_{n_{ij}}^{\varepsilon'}$ 按式 (3.29) 计算, r 为 $(0,1)$ 的随机数。

$$r_{ij}^{\varepsilon'} = \exp\left[-\frac{(y_i^{\varepsilon}-E_{x_{ij}})^2}{2(E_{n_{ij}}^{\varepsilon'})^2}\right] \quad i=1,2,\cdots,n; j=1,2,\cdots,m \tag{3.28}$$

$$E_{n_{ij}}^{\varepsilon'} = r \times H_{e_{ij}} + E_{n_{ij}} \quad i=1,2,\cdots,n; j=1,2,\cdots,m \tag{3.29}$$

随机性和模糊性是云理论的重要特性, 书中采用随机数 r 的形式来体现该评价方法体系中的随机性与模糊性, 但无论哪种评价方法最终都要转化为确定性的等级判定, 由 $\sum_{j=1}^{m} r_{ij}^{\varepsilon'} \neq 1$, 则导致指标隶属于等级的混淆, 因此书中提出了既满足指标隶属空间合理性又能保证随机性与模糊性的归一化隶属度确定方法, 如式 (3.30) 所示, 最终构成隶属度矩阵, 如式 (3.31) 所示。

$$r_{ij}^{\varepsilon} = \frac{r_{ij}^{\varepsilon'}}{\sum\limits_{j=1}^{m} r_{ij}^{\varepsilon'}} \quad i=1,2,\cdots,n; j=1,2,\cdots,m \tag{3.30}$$

$$\begin{pmatrix} r_{11} & r_{12} & \cdots & r_{1m} \\ r_{21} & r_{22} & \cdots & r_{2m} \\ \vdots & \vdots & & \vdots \\ r_{n1} & r_{n2} & \cdots & r_{nm} \end{pmatrix}^{\varepsilon} \tag{3.31}$$

5. 评价等级计算

根据式 (3.32) 和式 (3.33) 计算子区域 ε 的评价等级:

$$b_j^{\varepsilon} = \sum_{i=1}^{n} \omega_i^{\varepsilon} \times r_{ij}^{\varepsilon} \tag{3.32}$$

式中: b_j^{ε} 表示评价指标对于第 j 个评价等级的隶属程度; ω_i^{ε} 为指标权重, 书中采用可以体现指标地域差异的客观法确定各指标权重 (李明昌等, 2010)。

$$j^{\varepsilon} = \left(\sum_{j=1}^{m} j \times b_j^{\varepsilon}\right) \times \left(\sum_{j=1}^{m} b_j^{\varepsilon}\right) \tag{3.33}$$

6. 子区域承载力等级判定

采用择近原则，以海明贴近度（吴士力，2008）进行子区域 ε 的承载力等级判定。

7. 综合承载力等级计算与判定

对于每一个子区域，按步骤 4 和 5 计算，获得全部子区域的评价等级，以式（3.34）确定综合承载力。

$$j = \frac{1}{N} \sum_{\varepsilon=1}^{N} j^{\varepsilon} \tag{3.34}$$

按照步骤 6 中的等级判定原则，进行综合承载力等级的判定。

3.4　基于云理论与集对分析的耦合评价方法

3.4.1　云理论与集对分析的耦合优势

云理论和集对分析方法具有各自的特点和优势，将两者有机结合，在充分保证各自特点的同时，可以实现两种方法的优势互补，耦合的方法体系不仅具有集对分析方法简单、易操作和高精度等优点，同时云理论的应用使得评价指标隶属于等级的随机性和模糊性得以充分体现。

3.4.2　基于云理论与集对分析的耦合评价方法与过程

结合云理论和集对分析方法两者的优点，以形成云滴的钟形函数作为联系度函数，建立了具体的综合承载力评价方法与系统的评价步骤，评价过程如图 3.6 所示，具体步骤如下。

1. 构建集对

集对评价是将 n 个评价样本集合 $A_i\{x_i : i = 1, 2, \cdots, n\}$ 和对应的 K 级指标标准 $B_j(j = 1, 2, \cdots, K)$ 构成相互联系的集对 $H(A_i, B_j)$，则集对 $H(A_i, B_j)$ 的联系度为

$$\boldsymbol{\mu}_i = \boldsymbol{\mu}_{A_i \sim B_j} = a_i + b_{i,1}l_1 + b_{i,2}l_2 + \cdots + b_{i,K-2}l_{K-2} + c_i k \tag{3.35}$$

式中：a_i 为评价指标 x_i 与一级标准的同一度；$b_{i,1}$ 为评价指标 x_i 与二级标准的差异度；$b_{i,2}$ 为评价指标 x_i 与三级标准的差异度；$b_{i,K-2}$ 为评价指标 x_i 与 $K-1$ 级标准的差异度；c_i 为评价指标 x_i 与 K 级标准的对立度。

2. 评价指标标准集构建

对于具有 n 个评价指标，K 个指标等级的综合评价体系，分别设定指标上、下限为 $x_{ij}^s, x_{ij}^x (i = 1, 2, \cdots, n; j = 1, 2, \cdots, K)$，并组成指标标准集矩阵，如式（3.36）所示。

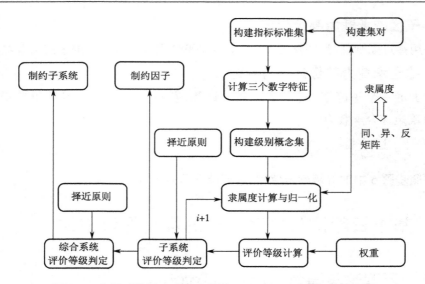

图 3.6　多子系统云理论与非线性集对耦合评价方法过程示意

$$\begin{pmatrix} (x_{11}^s, x_{11}^x) & (x_{12}^s, x_{12}^x) & \cdots & (x_{1j}^s, x_{1j}^x) & \cdots & (x_{1K}^s, x_{1K}^x) \\ (x_{21}^s, x_{21}^x) & (x_{22}^s, x_{22}^x) & \cdots & (x_{2j}^s, x_{2j}^x) & \cdots & (x_{2K}^s, x_{2K}^x) \\ \vdots & \vdots & & \vdots & & \vdots \\ (x_{i1}^s, x_{i1}^x) & (x_{i2}^s, x_{i2}^x) & \cdots & (x_{ij}^s, x_{ij}^x) & \cdots & (x_{iK}^s, x_{iK}^x) \\ \vdots & \vdots & & \vdots & & \vdots \\ (x_{n1}^s, x_{n1}^x) & (x_{n2}^s, x_{n2}^x) & \cdots & (x_{nj}^s, x_{nj}^x) & \cdots & (x_{nK}^s, x_{nK}^x) \end{pmatrix} \tag{3.36}$$

3. 指标标准集期望、熵和超熵的确定

根据式（3.37）、式（3.38）和式（3.39），计算指标标准集的数学期望、熵和超熵（曹玉升等，2010）。

$$E_{x_{ij}} = \frac{1}{2}(x_{ij}^s + x_{ij}^x) \quad i = 1, 2, \cdots, n; j = 1, 2, \cdots, K \tag{3.37}$$

$$E_{n_{ij}} = \frac{x_{ij}^s - x_{ij}^x}{2.355} \quad i = 1, 2, \cdots, n; j = 1, 2, \cdots, K \tag{3.38}$$

$$H_{e_{ij}} = \frac{1}{n} \quad i = 1, 2, \cdots, n; j = 1, 2, \cdots, K \tag{3.39}$$

4. 构建级别概念集

将计算获得的每一组期望、熵和超熵集合，构成级别概念集矩阵，如式（3.40）所示。

$$
\begin{pmatrix}
(E_{x_{11}}, E_{n_{11}}, H_{e_{11}}) & (E_{x_{12}}, E_{n_{12}}, H_{e_{12}}) & \cdots & (E_{x_{1K}}, E_{n_{1K}}, H_{e_{1K}}) \\
(E_{x_{21}}, E_{n_{21}}, H_{e_{21}}) & (E_{x_{22}}, E_{n_{22}}, H_{e_{22}}) & \cdots & (E_{x_{2K}}, E_{n_{2K}}, H_{e_{2K}}) \\
\vdots & \vdots & & \vdots \\
(E_{x_{n1}}, E_{n_{n1}}, H_{e_{n1}}) & (E_{x_{n2}}, E_{n_{n2}}, H_{e_{n2}}) & \cdots & (E_{x_{nK}}, E_{n_{nK}}, H_{e_{nK}})
\end{pmatrix}
\tag{3.40}
$$

5. 隶属度矩阵归一化计算

针对评价指标集合 $y_i(i=1,2,\cdots,n)$，按式（3.41）计算其初步指标隶属度，其中 $E_{n_{ij}}$ 按式（3.42）计算，r 为 $(0,1)$ 的随机数；并按式（3.43）对不同指标的初步隶属度进行归一化计算，最终构成隶属度矩阵，即 $a_i, b_{i,1}, \cdots, b_{i,K-2}, c_i$，如式（3.44）所示。

$$
r'_{ij} = \exp\left[-\frac{(y_i - E_{x_{ij}})^2}{2(E'_{n_{ij}})^2} \right] \quad i = 1,2,\cdots,n; j = 1,2,\cdots,K
\tag{3.41}
$$

$$
E'_{n_{ij}} = r \times H_{e_{ij}} + E_{n_{ij}} \quad i = 1,2,\cdots,n; j = 1,2,\cdots,K
\tag{3.42}
$$

$$
r_{ij} = \frac{r'_{ij}}{\sum_{j=1}^{K} r'_{ij}} \quad i = 1,2,\cdots,n; j = 1,2,\cdots,K
\tag{3.43}
$$

$$
\begin{pmatrix}
r_{11} & r_{12} & \cdots & r_{1K} \\
r_{21} & r_{22} & \cdots & r_{2K} \\
\vdots & \vdots & & \vdots \\
r_{n1} & r_{n2} & \cdots & r_{nK}
\end{pmatrix}
\tag{3.44}
$$

6. 评价等级计算

根据式（3.45）和式（3.46）计算评价指标的评价等级。

$$
b_j = \sum_{i=1}^{n} \omega_i \times r_{ij}
\tag{3.45}
$$

式中：b_j 表示评价指标对于第 j 个评价等级的联系程度；ω_i 为指标权重，书中采用可以体现指标地域差异的客观法确定各指标权重（钱挹清，2006）；J 为评价等级。

$$
J = \left[\sum_{j=1}^{K} (j \times b_j) \right] \times \left(\sum_{j=1}^{K} b_j \right)
\tag{3.46}
$$

7. 评价等级判定

采用择近原则，以海明贴近度（吴士力，2008）进行最终等级的判定。

对于多子系统综合，则按步骤 5 至 7 计算每一个子区域的评价等级，最后按式（3.34）确定综合承载力。

4 滨海区域综合承载力预测方法

4.1 基于综合承载力时间序列的直接预测方法

综合承载力系统是复杂的、模糊的,具有高度的非线性,利用数据驱动模型人工神经网络方法的非线性映射能力,建立综合承载力时间序列预测模型,此模型可以在有限地了解系统物理知识的基础上,通过非线性关系的拟合,建立综合承载力时间序列的非线性关系,进行综合承载力的时间序列的直接预测。

4.1.1 基于人工神经网络的综合承载力时间序列直接预测方法

根据资料特点及其分析方法的不同,时间序列预测方法可分为简单序时平均数法、加权序时平均数法、移动平均法、加权移动平均法、趋势预测法、指数平滑法、季节性趋势预测法、市场寿命周期预测法等(Box & Jenkins,1997)。人工智能算法的出现极大地丰富和发展了时间序列预测方法体系,特别是针对长周期、非平稳、非线性的复杂时间序列,具有较高的预测精度。人工神经网络模型是数据驱动模型理论的重要实现方法之一,因其具有较强的非线性映射能力(Hornik,1991),已在多种预测研究领域得到了应用与发展(李明昌等,2007,2008,2010),取得了很多令人满意的研究成果。

综合承载力时间序列以$\{X_t\}$表示,其中$X_t = X(t)$($t = 0,1,2,\cdots,n$)是指任一时段内的综合承载力。预测的实质是根据其历史数据对现在或未来的值做出预测,即认为时间序列的现在和未来的值与其前面的m个数据之间存在某种函数关系:

$$x_{n+k} = F(x_n, x_{n-1}, x_{n-2}, \cdots, x_{n-m+1}) \tag{4.1}$$

而综合承载力时间序列的神经网络预测即利用BP算法来拟合函数F,然后将其用于时间序列的神经网络预测,而BP网络的特点恰恰是其能在训练样本的基础之上逼近任意的非线性连续函数(Hornik et al,1988;Hornik, 1991)。

神经网络的预测方法包括一步预测和多步预测(李明昌等,2007)。当式(4.1)中的$K = 1$时,为一步预测;当$K > 1$时,为多步预测,其中还有在一步预测的基础之上进行预测的方法,可称为迭代一步预测(文新辉和陈开周,1994),其具体做法为将一步预测的结果 X_{n+1} 反馈给网络作为下一步预测的输入数据。在多步预测的基础之上迭代一步预测的方法,可称为迭代多步预测,如式(4.2)和式(4.3)所示,其特点是以拟合时网络输出值作为预测时的输入,依此类推,逐步迭代。迭代多步预测方法精度较高,因此是时间序列预测工作中保证精度的一种可行方法(李明昌等,2007)。

拟合:

$$x_{n+k} = F(x_n, x_{n-1}, x_{n-2}, \cdots, x_{n-m+1}) \tag{4.2}$$

预测:

$$x_{n+k+1} = F(x_{n+1}, x_n, x_{n-1}, x_{n-2}, \cdots, x_{n-m}) \tag{4.3}$$

4.1.2　方法应用与分析

1. 研究区域

辽宁海域包括渤海和黄海,其海域面积约有 6.8×10^4 km²。海岸线东起鸭绿江口,西至山海关的老龙头,海岸线长约 2 100 km,占全国海岸线长度的12%,居全国沿海 10 省(市)第 5 位,海岸带面积 13 494 km²。辽宁在充分发挥沿海地缘优势,大力开发海洋资源,促进经济迅速发展的同时,沿海环境污染已十分严重(宋伦等,2007),海洋资源日渐匮乏,环境负荷已经超过承载能力,这已成为今后海洋经济和谐发展的主要限制因素。

2. 模型构建

以图 4.1 所示的网络结构,构建数据驱动模型人工神经网络评价模型,其中输入层为承载力影响因子(选自 1999—2001 年度《中国海洋年鉴》和《中国统计年鉴》),输出层为承载力(狄乾斌和韩增林,2005);输入、输出层节点含义见表 4.1。

表 4.1　模型输入、输出变量的含义

输入层	海洋产业总值	水产资源	盐业	海洋货物运量	入海污水量	人口	科研机构人员
输出层	海岸带综合承载力						

3. 承载力评价计算

选取 1998 年和 1999 年数据作为基础资料,输入预测模型,通过人工神经网络 BP 算法拟合区域综合承载力与其影响因子之间的非线性关系,并通过实测资料预测获得 2000 年辽宁海域承载力为 0.766 4,与文献(狄乾斌和韩增林,2005)的评价结果

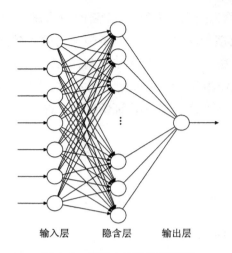

输入层　　　隐含层　　　输出层

图4.1　承载力评价模型示意

比较,误差仅为0.011 6,表明基于人工神经网络的综合承载力时间序列直接预测方法具有较高的预测精度。

但是,从中不难看出综合承载力是高度复杂的,其影响因子众多,将更多对承载力具有主要影响的因子纳入评价和预测模型中,对于完善影响因子与承载力之间的非线性关系,提高预测精度,保证系统完整性与合理性都是非常有益的;较短的综合承载力时间序列不足以完整地体现综合承载力系统中复杂的非线性关系。因此,这种直接预测方法在应用过程中具有较大的局限性和难点,具体体现在:①应保证综合承载力时间序列具有足够的长度,使其内在的非线性关系能被有效地发掘,但目前无法获知究竟多长的综合承载力时间序列能满足这一要求;②滨海区域综合承载力系统的综合性、复杂性和动态性的特点表明了综合承载力时间序列必然是非平稳的、高非线性的,因此采用直接预测的方法做综合承载力的短期预测是可以接受的,但较长期和长期预测则极有可能导致失败。

4.2　基于单指标预测的综合承载力间接预测方法

以时间序列分析为基础的综合承载力预测方法需要掌握长期的时间序列,这是解析时间序列特性的基础与关键。在实际研究过程中,多年的综合承载力需要大量的实际数据支持,因此获得难度较大;而较短的时间序列又无法分析并掌握其全部特性。

任何一个综合系统中都包含多个相互影响、相互耦合、相互作用的子系统。基于单指标预测的综合承载力评价预测方法的实质是将综合承载力系统有机拆分为多个子系统,各子系统拆分为各组成因子即指标,而后应用神经网络预测模型等方法对各组成因子进行预测,获得各子系统中每一个组成因子的预测值,应用综合承载力评价方法分别评价各子系统与综合系统的承载力状况,整个方法过程如图4.2所示。

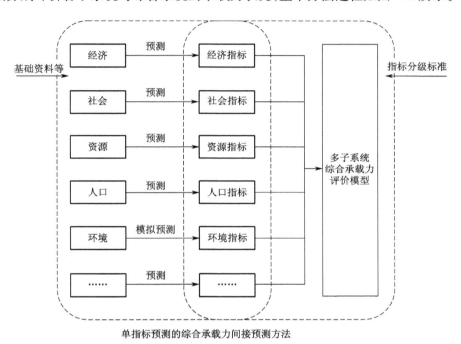

单指标预测的综合承载力间接预测方法

图4.2   单指标预测的综合承载力预测方法过程示意

第 2 部分　滨海区域
综合承载力实践

5　天津滨海区域概况

天津是中国四个直辖市之一,是中国北方经济中心、环渤海地区经济中心、中国北方国际航运中心、中国北方国际物流中心、国际港口城市和生态城市、国际航运融资中心、中国中医药研发中心、亚太区域海洋仪器检测评价中心。天津位于华北平原北部,海河五大支流——南运河、子牙河、大清河、永定河、北运河的汇合处,东经116°43′至118°04′,北纬38°34′至40°15′之间,东临渤海,北依燕山,海河是天津的母亲河,在城中蜿蜒而过,天津市中心距北京137 km。天津是北京通往东北、华东地区铁路的交通咽喉和远洋航运的港口,有"河海要冲"和"畿辅门户"之称。天津北起蓟县黄崖关,南至滨海新区翟庄子沧浪渠,南北长189 km;东起滨海新区洒金坨以东陡河西干渠,西至静海县子牙河王进庄以西滩德干渠,东西宽117 km。天津市疆域周长约1 290.8 km,海岸线长153 km,陆界长1 137.48 km,总面积11 919.7 km²。东、西、南分别与河北省的唐山、承德、廊坊、沧州地区接壤。对内腹地辽阔,辐射华北、东北、西北13个省区市,对外面向东北亚,是中国北方最大的沿海开放城市。

天津滨海新区位于天津东部沿海,环渤海经济圈的中心地带,是亚欧大陆桥最近的东部起点,也是中国北方重要的出海口之一。天津滨海新区由天津港、天津经济技术开发区、天津保税区、塘沽、汉沽、大港三个行政区和东丽、津南区的一部分组成,其海岸线153 km,面积2 270 km²,常住人口202万。天津滨海新区是全国唯一聚集了港口、国家级开发区、保税区、海洋高新技术开发区、出口加工区、区港联动运作区和大型工业基地的地区。天津滨海新区是东北亚地区通往欧亚大陆桥距离最近的起点,是从太平洋彼岸到欧亚内陆的主要陆路通道,也是华北、西北以至于中亚地区最重要、最便捷的海上通道,具有启东开西、承外接内和辐射华北、西北、东北亚、中亚的强大战略功能。

5.1　自然状况

5.1.1　气候状况

天津地处北温带,位于中纬度亚欧大陆东岸,主要受季风环流的支配,是东亚季风盛行的地区,属暖温带半湿润季风性气候。天津临近渤海湾,海洋气候对其影响比较明显。天津主要气候特征是四季分明,春季多风,干旱少雨;夏季炎热,雨水集中;秋季气爽,冷暖适中;冬季寒冷,干燥少雪。

1. 气温

天津年平均气温约为 14℃,平均最高气温为 16.1℃,平均最低气温为 8.7℃。7 月最热,月平均温度 28℃,历史极端最高温度是 41.6℃(2000 年 7 月 1 日);1 月最冷,月平均温度 -2℃,历史极端最低温度是 -17.8℃(1966 年 2 月 22 日)。

2. 风向

根据 1998—2000 年每日 24 次风速、风向观测资料以及天津历史天气资料统计分析可知:1—3 月份西北风最多,东南风次之;4—6 月份南风居多;7—9 月份东风最多,南风、东南风次之;10—12 月西北风、西南风最多,偏北风次之。

3. 降水

天津地区降水具有显著的季节变化特征,降水多集中于每年的 7、8 月份,降水量约为年降水量的 60%;而每年的 1—3 月份降水极少,3 个月降水量总和仅占年降水量的 2%。天津地区年平均降水量约为 602.9 mm,年最大降水量出现于 1964 年,为 1 083.5 mm,年最小降水量出现于 1968 年,为 278.4 mm,日最大降水量 191.5 mm,出现于 1975 年。

4. 雾

天津地区多年平均能见度小于 1 km 的大雾日为 5 天,大雾多出现于每年的 11 月至翌年的 1 月,出现最少的月份为 5—7 月。

5. 湿度

天津地区多年平均湿度变化在 59% ~ 79%,历年平均最小湿度为 48%,出现在 1 月份;6—8 月份的湿度最大。

5.1.2　地质地貌状况

天津地区地质构造复杂,大部分由新生代沉积物覆盖而成。天津地区以平原和洼地为主,呈现为西北高而东南低,北部有低山丘陵,海拔由北向南逐渐下降。北部最高,海拔 1 052 m;东南部最低,海拔 3.5 m。全市最高峰为九山顶,海拔为 1 078.5 m。天津地区有山地、丘陵和平原三种地形,其中平原约占 93%。除北部与燕山南侧接壤之处多为山地外,其余均属冲积平原,蓟县北部山地为海拔千米以下的低山丘陵。靠近山地是由洪积冲积扇组成的倾斜平原,呈扇状分布。倾斜平原往南是冲积平原,东南部为滨海平原。

该区域土层分布自上而下分别为:第一海相层由粉质黏土、淤泥质黏土、淤泥和黏土组成;海陆交互相沉积层则主要为粉质黏土;第二陆相层由粉质黏土和黏土组成。

天津地区海岸滩涂及浅海地带位于渤海湾西北部,海河和蓟运河的尾闾,由于受海浪和河流交汇作用以及沿岸各种地质构造、地貌构造和气候等多种控制因素的影响,该地区形成了一种由多种成因的地貌类型单元所组合而成的地带。由海岸带调查可知,本区海岸带属于华北坳陷中的渤海坳陷中心,基地构造复杂,主要受北至东北向断裂构造控制,而呈现出一系列的隆起坳陷。

堆积地貌是本区域的基本特征,物质成分以黏土质粉砂、粉砂质黏土、粉砂等细颗粒物质为主,地貌形成年代较新,其中大部分是在距今 5 000—6 000 年的全新世中、晚期形成、发育、演化和定型的,其主要地貌类型分布具有明显的弧形带特征。本区海岸岸滩坡度平缓($I = 1/2\ 000 \sim 1/1\ 000$),潮间带宽度大,泥沙运移的主要形态是悬移质。

5.1.3　波浪、潮流、泥沙状况

1. 潮汐

天津海域潮汐属不规则半日潮,每日两潮,滞后 45 min,一般涨潮时间为 6 h,退潮时间为 6 h22 min,最大潮差可达 4 m,一般潮差 2~3 m,具体潮汐特征值如下(以新港理论最低潮面起算)。

年最高高潮位　　　5.81 m(1992 年 9 月 1 日)

年最低低潮位　　　-1.08 m(1957 年 12 月 18 日)

年平均高潮位　　　3.77 m

年平均低潮位　　　1.34 m

平均海平面　　　　2.56 m

平均潮差　　　　　2.43 m

最大潮差　　　　　4.37 m(1980 年 10 月)

2. 乘潮高水位

以实测潮位资料绘制乘潮累计频率曲线,获得累计频率 90% 的全年乘潮高水位,见表 5.1。

表 5.1　全年乘潮高水位

乘潮历时/h	1	2	3	4
潮位值/m	3.15	3.02	2.92	2.73

3. 波浪

根据塘沽海洋站多年波浪实测资料统计分析可知:常浪向为 ENE 和 E 向,其出现频率分别为 9.68% 和 9.53%。强浪向 ENE 向,次强浪向 NNW 向,全年波浪 $H_{4\%} > 1.5$ 的出现频率为 1.35%,$T > 7.0$ s 的频率为 0.33%。

设计波浪要素:

波高 50 年一遇　　$H_{1\%} = 3.340$ m

波长 $L = 33.4$ m

周期 $T = 5.7$ s

天津海域的年强浪向为 NNW 向,其次是 E 向;常浪向为 S 向。各季节的波浪变化不一,春季大的波浪主要来自 E、ENE 向,常浪向为 ESE-S 向,S 向最多;夏季大波浪主要是 NNE-E 向,常浪向为 ESE-SSW 向,ESE 向最多;秋季强波浪来自 NW 向,其次是 ENE 向,常浪向为 NW、S 向;冬季波浪最大,NNW 及 NW 向最强,也是该季的常浪向。从各季节波况的变化可以看出,本海区主要是受寒潮及气旋的影响,以强寒潮形成的波浪为最大。大的波浪多发生在秋冬两季,冬季最强,因此 NW、NNW 向波浪最多而且最强。

4. 海流

天津海域海流主要呈现往复流类型,涨潮主流向为 NW 向,落潮主流向为 SE 向,涨潮流速大于落潮流速,最大流速垂直分布大致由表层向底层逐渐减小。平面分布是由岸边向外海随着水深增加而逐渐增大。海流流速小于 40 cm/s 的累积频率为 96.4%。

5. 泥沙回淤现状

1)底质泥沙分布

天津海域底质泥沙回淤状况以 2002 年 9 月分别在天津近岸海域 −1 m、−3 m 和 −5 m 等深线水深处的滩面表层泥沙取样,利用河海大学研制的 NSY-Z 型宽域粒度分析仪进行了泥沙粒度试验分析,结果见表 5.2。

表 5.2 底质泥沙颗粒分析结果

站名	名称	粒级含量/%			粒度参数		
		砂	粉砂	黏土	D50/mm	Qdφ	skφ
−1 m 等深线	黏土质粉砂(YT)	9.0	51.7	39.3	0.076 0	1.92	−0.37
−3 m 等深线	黏土质粉砂(YT)	11.1	55.6	33.3	0.012 5	1.75	0.35
−5 m 等深线	黏土质黏土(TY)	6.6	31.3	62.1	0.003 0	1.01	−0.27

2)泥沙粒度分布

由表 5.2 分析结果可知,天津海域岸滩表层物质主要是由细颗泥沙组成,中值粒径范围在 0.003 ~ 0.013 mm,泥沙粒级的含量百分比如下。

在 −1 m 线处,砂的含量为 9.0%,粉砂的含量为 51.7%,黏土的含量为 39.3%,为黏土质粉砂。

在 −3 m 线处,砂的含量为 11.1%,粉砂的含量为 55.6%,黏土的含量为 33.3%,为黏土质粉砂。

在 −5 m 线处,砂的含量为 6.6%,粉砂的含量为 31.3%,黏土的含量为 62.1%,为黏土质黏土。

由上可见,−3 m 等深线处的泥沙粒径为最粗,且粉砂含量最高,而此种类型的泥沙,在大风浪的作用下极易掀扬运移,从 −3 m 线向岸基本都属于此种类型的泥沙,而向外逐渐变细,黏土含量增多。

3)泥沙的分选程度

泥沙分选系数 Qdφ 反映了沉积物的分选程度,规范中将分选程度类型划分为 5 级。由表 5.2 分析结果表明,本海区分选程度按其数据的大小仅分为 2 级,0.6 ~ 1.4 为分选好,1.4 ~ 2.2 为分选中等。从分选系数来看,本区的分选系数为 1.01 ~ 1.92,属分选好及分选中等,由此说明本海区外来泥沙不足,风浪冲刷滩面作用较强。

4)泥沙的启动流速

细颗粒泥沙的启动流速是根据床面上原来处于静止状态的泥沙到泥沙运动状态的变化过程而确定的。床面上原来处于静止状态的泥沙,当水流强度逐渐增大到某一值时,则开始运动悬扬,此时的临界水流条件称为泥沙的启动流速,工程上称之为冲刷流速。对于具有黏性的细颗粒泥沙而言,泥沙的启动流速就是扬动流速,也就是泥沙在这一特定的水流条件下,即离开床面,悬浮于水体之中。启动流速是泥沙基本水力特性之一,标志着床面冲刷的起点,是反映泥沙运动的重要参数。本海区泥沙临界启动流为 0.20 m/s,D50 启动流速为 0.4 m/s。

5)岸滩演变及泥沙来源

(1)岸滩演变概况

依据岸滩动力地貌调查分析可知,本海区岸滩处于南淤北冲状态,即蓟运河口至新港段,呈南淤北冲,以北至大神堂段,中潮位以上岸滩受到冲刷,中潮位以下岸滩则呈淤积状态。通过对蓟运河口历年水深图的比较可以看出,1957—1969 年处于冲刷状态,尤其是 −2 m 等深线(理论基准面)平均每年以约 84 m 的速度蚀退;1969—1983 年,−2 m 等深线以内仍处于冲刷状态,现状下的岸滩从 −5 m 以内均处于微冲刷状态。

(2)泥沙来源

由上所述,本海区岸段 −2 m 等深线以内的浅滩多年来均处于冲刷状态,这是由于海洋动力作用造成的。在向岸大风流的作用下,使浅滩泥沙起悬并随潮流运动,其水体含沙量的变化特征如下:岸边含沙浓度最高,向外则随着水深的增加而逐渐减小;大风天含沙浓度高、小风天含沙浓度低,即水体含沙浓度的高低取决于风级的大小;无论大小风天,近岸高含沙浓度区均在破波带以内(该海区破波带在 −2 ~ ±0 m),说明在破波带以里水深较浅,波浪作用强烈,而掀起滩面大量泥沙,这与岸滩的变化是相一致的。

因此,本海区的泥沙来源主要是风浪掀起岸滩泥沙所形成的。

6. 冰况

渤海每年冰期一般在 90 ~ 110 天(每年 12 月至翌年 3 月初),其中 1—2 月最为严重,固定冰范围一般为 0.1 ~ 0.5 km,冰厚 0.1 ~ 0.25 m,流冰一般距岸 10 ~ 20 km,流冰厚 0.1 ~ 0.3 m,流冰速度 0.3 m/s 左右。

5.2　社会状况

5.2.1　天津市概况

天津作为中国四大直辖市之一,在区域经济和全国经济发展中具有重要的地位和作用。在全国工业城市中,天津工业的规模、总产值、经济效益等均居前列。天津已形成以汽车和机械装备为重点的机械工业,以微电子和通信设备为重点的电子工业,以石油化工、海洋化工和精细化工为重点的化学工业,以优质钢管、钢材和高档金属制品为重点的冶金工业等四大支柱产业。天津的金融、商贸等第三产业日益发达。天津的科技力量雄厚,有南开大学、天津大学等高等学校 37 所,自然科学研究机构

150 多个,自然科学和社会科学各类专业技术人才近 50 万人,每年都有一批科研成果达到国内和国际的先进水平。

5.2.2 滨海新区概况

天津滨海新区包括先进制造业产业区、临空产业区、滨海高新技术产业开发区、临港工业区、南港工业区、海港物流区、滨海旅游、中新天津生态城、中心商务区九大产业功能区和世界吞吐量第五位的综合性贸易港口——天津港。

天津滨海新区规划面积 2 270 km²,海岸线 153 km,常住人口 202 万。天津滨海新区具有良好的生态环境和丰富的资源储备,拥有水面、湿地逾 700 km²,1 200 km² 盐碱荒地可供开发,已探明渤海海域石油资源总量逾 100 亿 t,天然气储量 1 937 亿 m³。

经过多年发展,天津滨海新区形成了开放优势明显、产业配套齐全、科技资源丰富等多重优势。新世纪新阶段,党中央、国务院从经济社会发展的全局出发,做出了推进天津滨海新区开发开放的重大战略决策。党的十七大明确指出:更好发挥经济特区、上海浦东新区、天津滨海新区在改革开放和自主创新中的重要作用。滨海新区成为继深圳经济特区、上海浦东新区后,又一带动区域发展的新的经济增长极。国务院在《关于推进天津滨海新区开发开放有关问题的意见》中,明确了滨海新区开发开放的指导思想、功能定位和主要任务,并批准滨海新区为全国综合配套改革试验区。

2009 年 10 月份,国务院批复《关于调整天津市部分行政区划的请示》,同意撤销塘沽区、汉沽区、大港区 3 个行政区,成立滨海新区行政区,正式启动天津市滨海新区行政管理体制改革。根据改革方案,塘沽、汉沽、大港 3 个城区管理机构,主要行使社会管理职能;先进制造业产业区、临空产业区、中新天津生态城等 9 个经济功能区则重新组合布局,分工更加明晰。由于合并了 3 个行政区,滨海新区政府机构和职位数量相应压缩到了原有规模的四分之一左右,同时被赋予更大的自主权,形成"新区的事在新区办"的运行机制。

5.3 天津海岸线及近岸海域开发建设状况

天津港是天津乃至中国北方最大的综合性港口,是世界等级最高的人工深水港。天津港的发展对天津市、天津滨海新区国民经济具有举足轻重的作用。由此天津滨海区域开发建设与天津港的发展密切相关。

天津港的历史最早可以追溯到汉代,自唐代以来形成海港。1860 年正式对外开埠,是我国最早对外通商的港口之一。塘沽新港始建于 1939 年,新中国成立后经过 3 年恢复性建设,于 1952 年 10 月 17 日重新开港通航。改革开放以来,随着国民经济的快速发展,天津港的港口生产实现了跨越式的发展。2013 年,天津港货物吞吐量首次突破 5 亿 t,集装箱吞吐量突破 1 300 万标准箱,天津港业已成为中国北方最大的综合性港口和重要的对外贸易口岸。以天津港为主导的天津海岸线及近岸海域开发建设过程如图 5.1 所示。

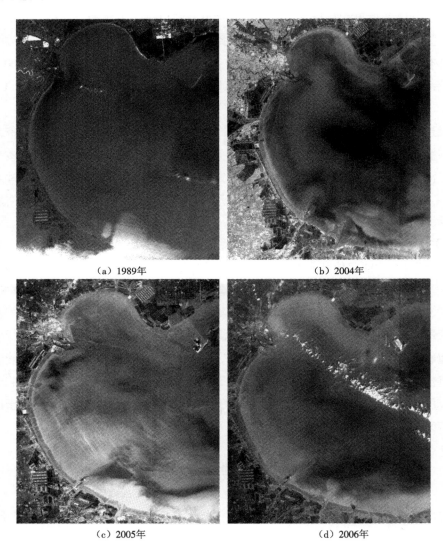

（a）1989年　　　　　　　　　　　　　　（b）2004年

（c）2005年　　　　　　　　　　　　　　（d）2006年

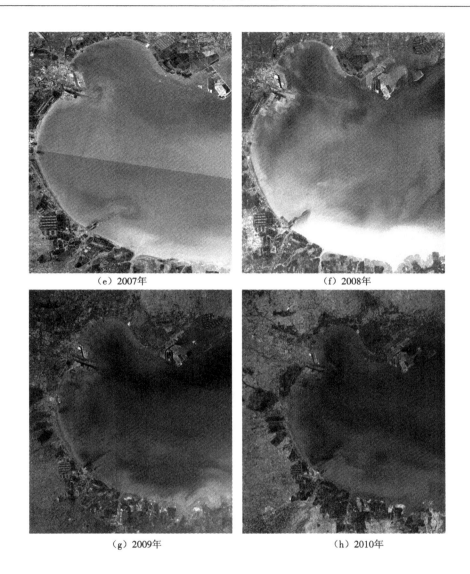

（e）2007年　　　　　　　　　　　（f）2008年

（g）2009年　　　　　　　　　　　（h）2010年

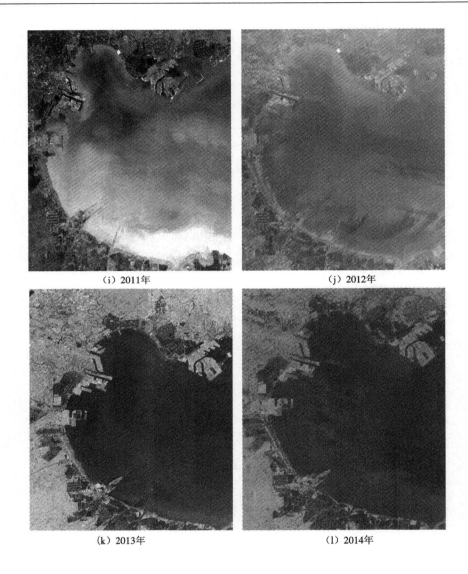

（i）2011年　　　　　　　　　　　　　　（j）2012年

（k）2013年　　　　　　　　　　　　　　（l）2014年

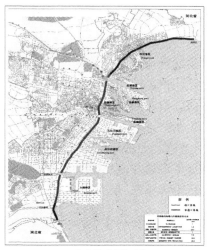

（m）未来的发展规划

图 5.1　天津海岸线及近岸海域发展过程示意

天津近岸海域发展过程大体可以分为以下四个阶段。

5.3.1　自然发展阶段（1939 年以前）

1939 年塘沽新港始建之前,天津海岸线和近岸海域的演变与发展主要体现在自然力作用下的迁移与转化,波浪、潮汐、海流、风暴潮、河流径流(包括洪水和主要河流改道等)等自然因素是影响的主体,人为因素的影响较小,主要体现在对自然的适应而不是改造。

5.3.2　平稳发展阶段（1939—2002 年）

1939 年塘沽新港开始兴建,并于 1952 年开港通航。改革开放以来,特别是 20世纪 90 年代中后期,天津港作为京津地区重要的出海口,港口吞吐量逐年高速提升,2001 年首次突破亿吨,其后更是以每年 3 000 万 t 的增长速度高速发展。这一时期是天津港稳步发展的初级阶段,形成了海河口两岸的天津港,如图 5.1(a)1989 年卫片所示,亦即北疆港区和南疆港区的一小部分(如图 5.1(m)未来的发展规划所示)。

5.3.3　高速发展阶段（2002—2030 年）

继 2001 年天津港吞吐量首次突破亿吨大关,在其后的十年间,不断刷新货物吞吐量的新高,2004 年突破 2 亿 t,集装箱超过 380 万标准箱,吞吐量进入世界港口前十名,集装箱排名第十八位;2007 年吞吐量达到3 亿 t,集装箱吞吐量 710 万标准箱;

2010年天津港货物吞吐量超过4亿t,集装箱吞吐量突破1 000万标准箱;2013年天津港货物吞吐量突破5亿t,世界排名第四位,集装箱吞吐量突破1 300万标准箱,世界排名第十一位。天津港的高速发展也引发了对港口基础设施的巨大需求,从2002年至今,以提升和增强天津港发展能力为目的的海岸线和近岸海域开发建设活动大幅增加,海岸线变化极为剧烈(如图5.1(b)2004年~图5.1(1)2014年卫片所示),港口建设日新月异,初步形成了目前的汉沽港区、北塘港区、北疆港区、南疆港区、东疆港区、临港港区(即大沽口港区一部分)、高沙岭港区和大港港区的格局,未来天津港的发展规划也是在此格局基础之上的深化与完善(截至2030年)。在平稳和高速发展两阶段,天津海岸线和近岸海域开发建设活动极为频繁,人力对海岸线和近岸海域的影响极其显著,特别是近十多年来,最为明显。

5.3.4 后发展阶段(2030年—)

按照天津港的远期发展规划,天津港至2030年将逐步发展成为布局合理、功能完善、绿色环保、港城协调,对经济发展具有推动力的现代化、多功能、综合性港口和物流枢纽(如图5.1(m)未来的发展规划所示)。天津港的发展是我国国民经济前进道路上的晴雨表,也是经济模式和产业类型的重要体现。当下,世界经济形势错综复杂,发展速度明显放缓,而我国也面临着关键的产业结构调整,以天津港为主体的天津海岸线和近岸海域开发建设活动明显放缓,在这一轮巨大的开发建设活动之后,必然进入一个较为平稳的后发展阶段。人类活动对自然的改造作用是巨大的,在提升天津港服务功能、促进区域经济发展的同时,自然岸线、滨海湿地和潮间带的丧失及工程建设对海洋生态环境的长期影响等多种负面问题也不断显现,因此有效的生态环境补偿与修复方式和方法等一系列研究与实践是后发展阶段的重要任务。

5.4 基于平行坐标的天津近岸海域水环境生态质量可视化分析

环境保护、污染治理、自然资源的合理开发与利用、生态平衡和生物多样性的保护等,不仅直接关系到当代人类的生存环境,还会影响我们的子孙后代,是判断人类社会能否可持续发展的重要依据。环境、生态和资源问题已成为全人类所面临的共同问题。一个区域的环境生态调查与问题分析对于区域开发建设与环境管理具有非常重要的指导作用。

5.4.1 平行坐标基本原理

平行坐标(徐永红等,2008)突破了欧式空间只能表示三维数据的局限,通过二维表达实现了高维数据的可视化,其基本思想是将 n 维数据属性空间通过 n 条等距离的平行轴影射到二维平面上,平行轴中每一条轴线代表一个属性维,其取值范围则为对应属性的最小值和最大值。因此,最后每一个数据集合依照其属性取值均表达为一条跨越 n 条平行轴的折线段。

5.4.2   平行坐标可视化分析方法及其步骤

将 m 组 n 维数据($F_i|_{i=1,2,\cdots,m} = (x_1^i, x_2^i, \cdots, x_j^i, \cdots, x_n^i)_{j=1,2,\cdots,n}|_{i=1,2,\cdots,m}$)采用平行坐标的方法予以表达,其具体实施步骤如下。

1. n 维数据最大值和最小值的选取

分别选出 m 组 n 维数据矩阵即各列(维)的最大值和最小值($(x_{j,\max}, x_{j,\min})|_{j=1,2,\cdots,n}$)。

2. n 维数据间的统一化

在 n 组最大值和最小值($(x_{j,\max}, x_{j,\min})|_{j=1,2,\cdots,n}$)中,选取其中的某一组值($x_{k,\max}, x_{k,\min})|_{k\in\{1,2,\cdots,n\}}$(一般取最大者),并对该组最大值和最小值进行空间延拓,得($x_{k,\max}+a, x_{k,\min}-b$),其中 a 和 b 为正数,以($x_{k,\max}+a, x_{k,\min}-b$)为标准,将 m 组 n 维数据($F_i|_{i=1,2,\cdots,m} = (x_1^i, x_2^i, \cdots, x_j^i, \cdots, x_n^i)_{j=1,2,\cdots,n}|_{i=1,2,\cdots,m}$)进行统一化处理(使所有取值处于较为接近的取值空间范围内),获得新的 m 组 n 维数据。

3. 平行坐标图绘制

通过统一化处理后,可保证新的 m 组 n 维数据处于较为接近的取值范围,即可采用绘图工具绘制平行坐标图。

4. n 维平行坐标轴两端点值反向回归

将平行坐标图中 n 维数据的最大值和最小值按式(5.1)和(5.2)计算,获得平行坐标图中 n 维数据最大值和最小值的标示值。

$$\bar{x}_{j,\max} = x'_{j,\max} \times \frac{x_{j,\max}}{x_{k,\max}+a} \bigg|_{j=1,2,\cdots,n} \tag{5.1}$$

$$\bar{x}_{j,\min} = x'_{j,\min} \times \frac{x_{j,\min}}{x_{k,\min}-b} \bigg|_{j=1,2,\cdots,n} \tag{5.2}$$

式中:$\bar{x}_{j,\max}$ 和 $\bar{x}_{j,\min}$ 为 n 维数据最大值和最小值在平行坐标图中的标示值;$x'_{j,\max}$ 和 $x'_{j,\min}$ 为 n 维数据统一化处理所得最大值和最小值。

5.4.3   基于平行坐标的天津近岸海域水生态质量可视化分析

采用平行坐标的可视化方法,按照上述平行坐标绘制方法步骤,建立近十年天津近岸海域环境指标平行坐标,如图 5.2 所示,同时将《海水水质标准》中各指标分级标准作为基础数据,连同指标实测数据,共同建立平行坐标,其优点在于可以直观地体现各指标所属海水水质等级。

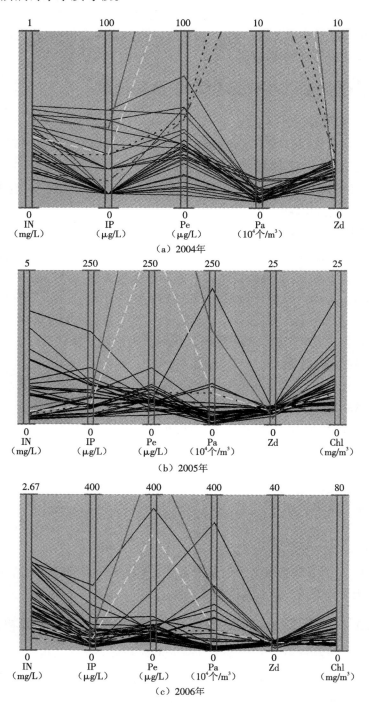

（a）2004年

（b）2005年

（c）2006年

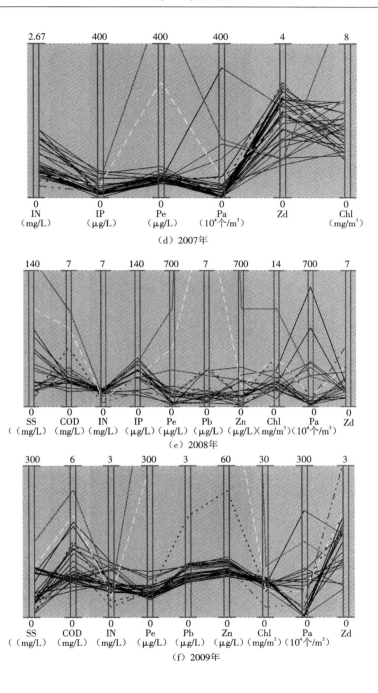

（d）2007年

（e）2008年

（f）2009年

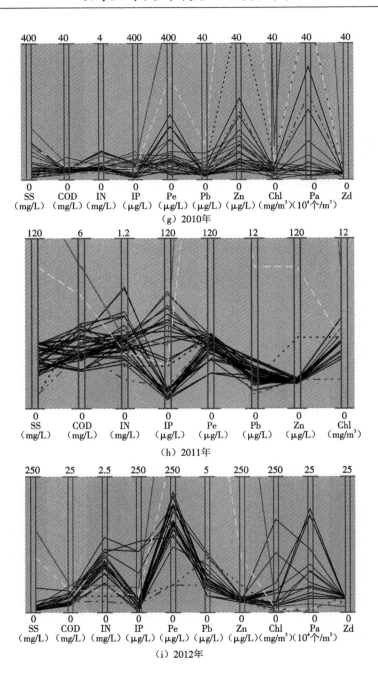

（g）2010年

（h）2011年

（i）2012年

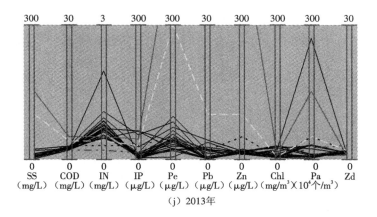

（j）2013 年

图 5.2 2004—2013 年天津近岸海域环境指标平行坐标

图 5.2 中 SS 为悬浮物，COD 为化学需氧量，IN 为无机氮，IP 为磷酸盐，Pe 为石油类，Pb 为重金属铅，Zn 为重金属锌，Chl 为叶绿素，Pa 为浮游植物总量，Zd 为浮游动物多样性指数。图中点画线代表一级水质标准，点线代表二级水质标准，虚线代表三级水质标准，粗实线代表四级水质标准。从图中可以直观展示出各指标所属的主要水质等级：无机氮和磷酸盐为本研究海域主要超标指标，近十年多数站位超过四类水质标准；石油类总体较好，除 2006 年某一站位超过三类水质标准外，其余均满足一、二类水质标准；重金属铅和锌均未超过三类水质标准；悬浮物除 2010 年部分超过三类水质标准外，其余均满足一、二类水质标准；COD 除 2010 年和 2012 年极少数超过四类标准外，其余均满足三类水质标准；叶绿素在 2005 年、2006 年、2012 年和 2013 年出现超过四类水质标准的现象；浮游植物总量较高，在 2005 年、2006 年、2007 年、2008 年、2009 年、2012 年和 2013 年均出现超过四类水质标准的现象；浮游动物多样性总体较差。

5.4.4 基于平行坐标的天津近岸海域底质沉积物质量可视化分析

采用平行坐标的可视化方法，按照上述平行坐标绘制方法步骤，建立近六年天津近岸海域底质沉积物指标平行坐标，如图 5.3 所示，同时将《海洋沉积物质量》中各指标分级标准作为基础数据，连同指标实测数据，共同建立平行坐标，其优点在于可以直观地体现各指标所属沉积物质量等级。

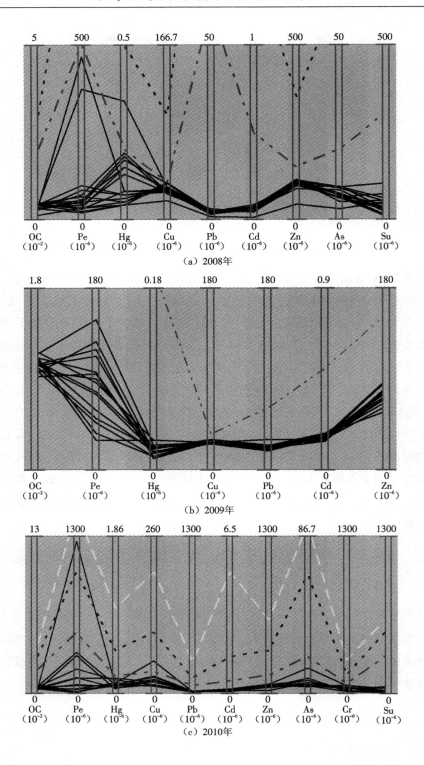

（a）2008年

（b）2009年

（c）2010年

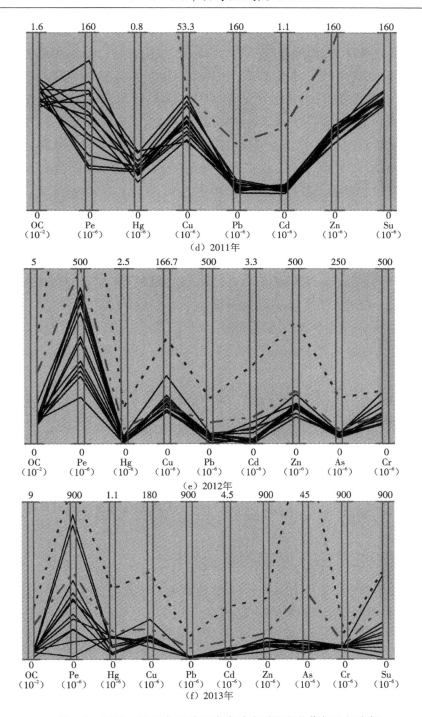

图5.3 2008—2013 年天津近岸海域底质沉积物指标平行坐标

图5.3中OC为有机碳,Pe为石油类,Hg为重金属汞,Cu为重金属铜,Pb为重金属铅,Cd为重金属镉,Zn为重金属锌,As为砷,Cr为重金属铬,Su为硫化物。图中点画线代表一级沉积物质量标准,点线代表二级沉积物质量标准,虚线代表三级沉积物质量标准,粗实线代表四级沉积物质量标准(图中未显示)。从图中可以直观地展示出各指标所属的主要沉积物质量等级:底质沉积物中有机碳含量较少,近六年均远低于一级沉积物质量标准;石油类总体较差,除2009年和2011年较好地满足一级沉积物质量标准外,2008年和2012年均接近一级沉积物质量标准,2013年有两个站位超过一级沉积物质量标准,满足二级沉积物质量标准,特别是2010年出现了某一站位超二级沉积物质量标准的现象;重金属汞除了2008年某一站位超过一级沉积物质量标准外,其余均满足一级沉积物质量标准;重金属铜在2012年存在较多站位超过一级沉积物质量标准的现象,2010年和2013年则各有一个站位超过了一级沉积物质量标准,其余年份均满足一级沉积物质量标准;重金属铅、镉、锌和砷在有调查资料的年份内均满足一级沉积物质量标准;重金属铬在2012年存在多个站位超过一级沉积物质量标准的情况,其余年份均满足一级沉积物质量标准;硫化物仅在2013年有一个站位超过了一级沉积物质量标准,其余年份均满足一级沉积物质量标准。

5.5 天津近岸海域水环境生态因子时间序列多尺度趋势分析

近岸海域水环境生态因子时间序列趋势分析的目的是认识和掌握海洋环境随时间演变的趋势和规律,为相关海洋政策制定和环境管理提供指导依据,近年来受到了广泛的关注,开展了大量的研究工作,并取得了一定的研究成果(胡国华等,2003;张茹等,2009;岳力,2005)。

5.5.1 时间序列多尺度趋势分析方法

时间序列的变化纷繁复杂,特别是近岸海域水环境生态因子,由于受到海洋动力、化学和生物等多种自然因素的影响,时空分布差异特点显著,其时间序列特性较难把握,加之我国环境监测系统设立时间较短,长期连续的监测数据很少,导致近岸海域水环境生态因子时间序列趋势分析工作存在较大的难度(陈水蓉,2010)。周期性和趋势性分析是掌握时间序列基本特性的重要手段和主要工作,目前常用的趋势分析方法有徒手法、简单移动平均值法、加权平均值法和最小二乘法等(杨帆等,2006),其中最小二乘法(贾小勇等,2006;邹乐强,2010)是一种简单有效的时间序列分析方法,已广泛地应用于曲线拟合、趋势分析、参数估计和预测预报等领域的研究。

　　《全国海洋环境监测与评价业务体系"十二五"发展规划纲要》显示,尽管我国海洋环境监测与评价工作在"十一五"期间取得了长足发展,但仍处于发展的初级阶段,仍不能充分满足履行海洋环境保护责任、有效支撑经济社会发展的要求,与发达国家相比也还有较大差距,尚未完全掌握海洋环境监测评价工作的科学规律;海洋环境监测机构评价能力不足;在满足沿海经济发展服务需求方面还存在明显差距;全国海洋环境监测体系的发展仍处于不平衡状态,特别是信息共享机制的极度不完善,直接导致可用于科学研究的海洋环境监测数据缺乏区域性、连续性和可对比性。

　　在现有长时间序列监测数据很少的条件下,目前多采用水质年均值变化曲线来描述水质的变化趋势,其优点是直观、简便,但也存在不能定量表述并充分解析变化规律,更无法进行有效预测等缺点(郭新波,1992)。

　　结合目前监测数据的特点,特别是监测时间步长较大的问题,通过多年连续监测数据的最大值、最小值和平均值趋势分析,建立时间序列多尺度趋势分析方法,直观地掌握研究海域水环境生态质量水平,揭示研究海域水环境生态质量发展规律,可为研究海域的海洋环境管理与保护提供可靠支撑(Li & Zhao,2014;Zhao, et al,2014)。

5.5.2　天津近岸海域水环境生态因子时间序列多尺度趋势分析

　　采用最小二乘法,开展近十年天津近岸海域水环境生态因子时间序列多尺度趋势分析,其中水质指标共有悬浮物、化学需氧量、无机氮、磷酸盐、石油类、重金属铅和重金属锌7个指标,趋势如图5.4~图5.10所示。生态指标包括叶绿素、浮游植物总量和浮游动物多样性指数3个指标,如图5.11~图5.13所示。

1. 水质因子时间序列多尺度趋势分析

　　图5.4是2008—2013年悬浮物最大值、最小值和平均值时间序列多尺度趋势分析结果,从图中可以看出在分析年份内,悬浮物最大值、最小值和平均值时间序列均呈现明显下降趋势,这与天津近岸海域近年来逐年减少的涉海工程建设现状基本吻合;除2010年最大值达到三类水质标准外,其余均满足二类水质标准。最大值时间序列显示2008—2010年呈增长趋势,2011—2013年呈下降趋势,并于2010年达到峰值。最小值时间序列显示2008—2010年呈下降趋势,于2011年达到峰值,其后呈下降趋势。平均值时间序列显示2009年达到峰值后,海域悬浮物呈逐年下降趋势。其中,2010年海域悬浮物浓度范围跨度较大,说明海域内悬浮物浓度分布极不均匀,存在浓度较高的区域,可能相关海域内存在人类活动的影响。

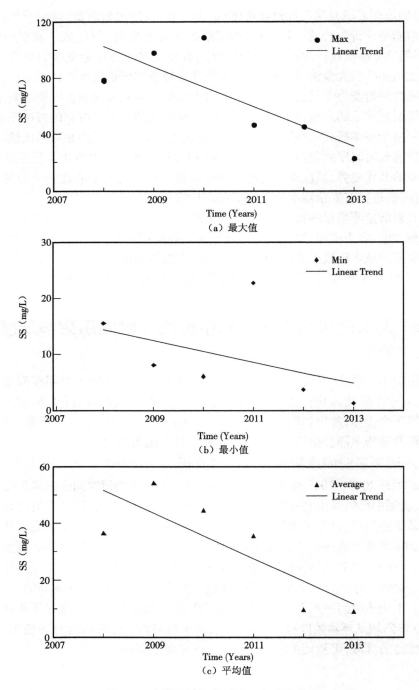

（a）最大值

（b）最小值

（c）平均值

图 5.4　悬浮物时间序列多尺度趋势分析

图 5.5 是 2008—2013 年化学需氧量最大值、最小值和平均值时间序列多尺度趋势分析结果,从图中可以看出在分析年份内,化学需氧量最大值、最小值和平均值时间序列均呈现增长趋势;2010 年最大值达到劣四类水质标准,2012 年最大值达到四类水质标准,其余均满足三类水质标准。最大值时间序列显示 2008—2010 年呈明显增长趋势,于 2010 年达到峰值,其后呈波动态势。最小值时间序列显示 2008—2010 年呈明显增长趋势,其后平稳增长。平均值时间序列显示 2008—2010 年呈明显增长趋势,其后平稳增长。2010 年海域化学需氧量总体浓度较高。

图 5.6 是 2004—2013 年无机氮最大值、最小值和平均值时间序列多尺度趋势分析结果,从图中可以看出在分析年份内,无机氮最大值时间序列呈现一定的下降趋势,最小值时间序列呈现增长趋势,平均值时间序列呈现较为平稳的发展趋势。海域内无机氮污染较为严重,所有年份最大值均超过了四类水质标准,甚至于 2008 年和 2012 年最小值也超过了四类水质标准;无机氮总体浓度很高,除 2004 年、2010 年和 2011 年外,污染平均水平也均超过了四类水质标准。虽然最大值时间序列总体呈下降趋势,但近几年(2012 年和 2013 年)污染态势略有抬头。

图 5.7 是 2004—2013 年磷酸盐最大值、最小值和平均值时间序列多尺度趋势分析结果(其中,缺少 2009 年数据),从图中可以看出在分析年份内,磷酸盐最大值、最小值和平均值时间序列均呈现下降趋势。海域内磷酸盐污染也较为严重,稍好于无机氮,所有年份最大值均超过了四类水质标准,但最小值均满足一类水质标准,磷酸盐总体浓度较高,污染平均水平均达到三类水质标准。尽管磷酸盐最大值、最小值和平均值时间序列均呈现下降趋势,但浓度依然很高,污染形势不容乐观。

图 5.8 是 2004—2013 年石油类最大值、最小值和平均值时间序列多尺度趋势分析结果,从图中可以看出在分析年份内,石油类最大值时间序列略呈现下降趋势,最小值和平均值时间序列均呈现增长趋势。最大值时间序列显示除 2006 年达到三类水质标准外,其余年份均达到二类水质标准。一个不容忽视的现象是虽然最大值时间序列略呈下降趋势,但最小值和平均值时间序列呈增长趋势,特别是 2012 年,石油类浓度总体水平较高。

图 5.9 是 2008—2013 年重金属铅最大值、最小值和平均值时间序列多尺度趋势分析结果,从图中可以看出在分析年份内,重金属铅最大值和平均值时间序列均呈现增长趋势,最小值时间序列略呈现下降趋势。特别是 2010 年和 2011 年,重金属铅的浓度相对较高。

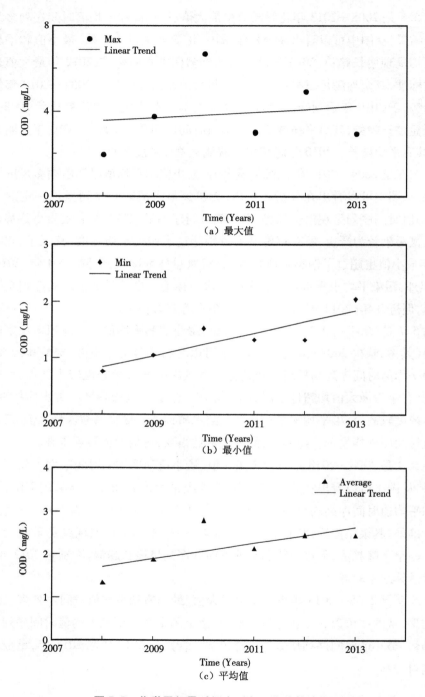

（a）最大值

（b）最小值

（c）平均值

图 5.5　化学需氧量时间序列多尺度趋势分析

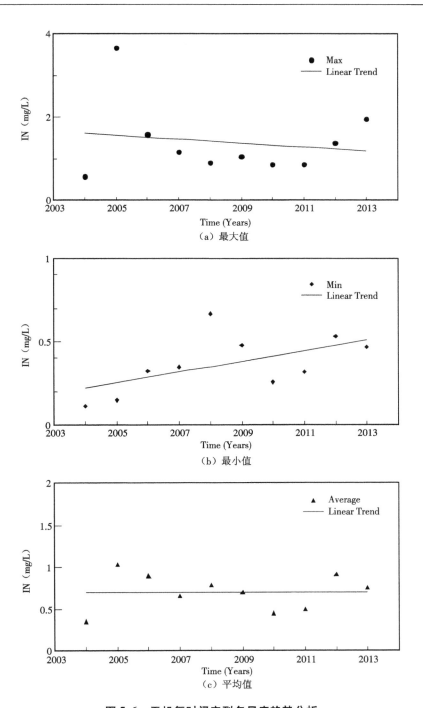

（a）最大值

（b）最小值

（c）平均值

图 5.6　无机氮时间序列多尺度趋势分析

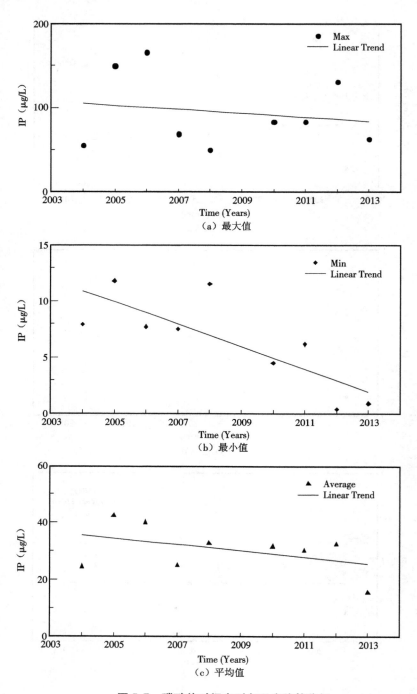

图 5.7　磷酸盐时间序列多尺度趋势分析

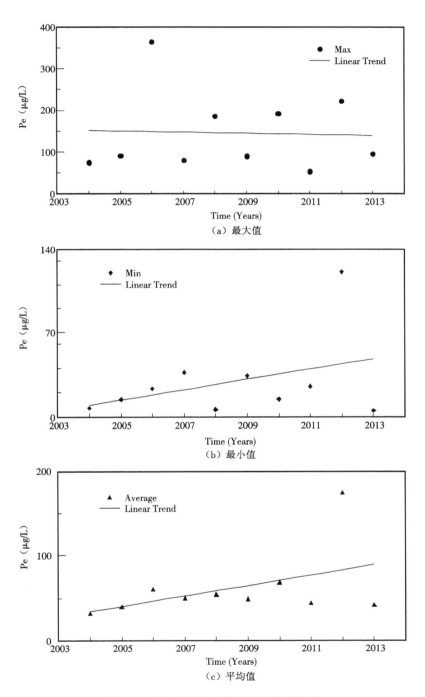

图 5.8 石油类时间序列多尺度趋势分析

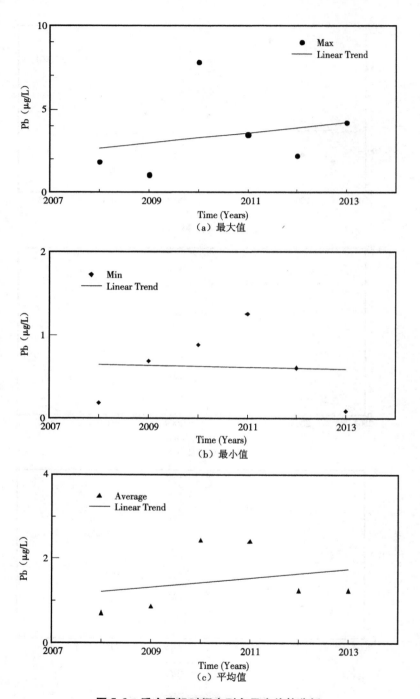

图 5.9 重金属铅时间序列多尺度趋势分析

图 5.10 是 2008—2013 年重金属锌最大值、最小值和平均值时间序列多尺度趋势分析结果,从图中可以看出在分析年份内,重金属锌最大值和平均值时间序列均呈现下降趋势,最小值时间序列呈现增长趋势。2008 年是海域内重金属锌浓度最高的年份,且浓度范围跨度较大,说明海域内重金属锌浓度分布极不均匀,存在浓度较高的区域,可能与相关海域内存在的人类活动有关。

2. 生态因子时间序列多尺度趋势分析

图 5.11 是 2005—2013 年叶绿素最大值、最小值和平均值时间序列多尺度趋势分析结果,从图中可以看出在分析年份内,叶绿素最大值、最小值和平均值时间序列均呈现增长趋势。2012 年因数据过大,未将其在图中进行表述,最大值、最小值和平均值分别是 171.78(mg/m^3),6.43(mg/m^3)和 40.626(mg/m^3)。

图 5.12 是 2004—2013 年浮游植物总量最大值、最小值和平均值时间序列多尺度趋势分析结果(其中,缺少 2011 年数据),从图中可以看出在分析年份内,浮游植物总量最大值、最小值和平均值时间序列均呈现增长趋势。2012 年因数据过大,未将其在图中进行表述,最大值、最小值和平均值分别是 1 911(10^4个/m^3),254.858(10^4个/m^3)和 881.825(10^4个/m^3)。

研究年份内,叶绿素和浮游植物总量持续增长,这与海域内无机氮和磷酸盐营养物质持续超标存在一定的关联性,也是海域藻华和赤潮现象的一大诱因(李士虎等,2003)。特别是 2012 年,叶绿素和浮游植物总量均较大,远远超出了其他年份的常规水平,这与 2012 年发生于塘沽、汉沽海域的大面积赤潮存在直接的相关性。

图 5.13 是 2004—2013 年浮游动物多样性指数最大值、最小值和平均值时间序列多尺度趋势分析结果(其中,缺少 2011 年数据),从图中可以看出在分析年份内,浮游动物多样性指数最大值和平均值时间序列均呈现下降趋势,最小值时间序列呈现增长趋势;最近的年份显示,浮游动物多样性有所好转(如,2012 年),2008—2012 年呈现一定的增长趋势,但 2013 年又有所下降,这虽然存在实际监测的偶然性影响,但也足以说明天津近岸海域环境污染对海洋生态系统造成了很大的破坏,今后一定时期内,近岸海域环境生态系统的恢复与修复是环境保护与生态文明建设中的重要工作。

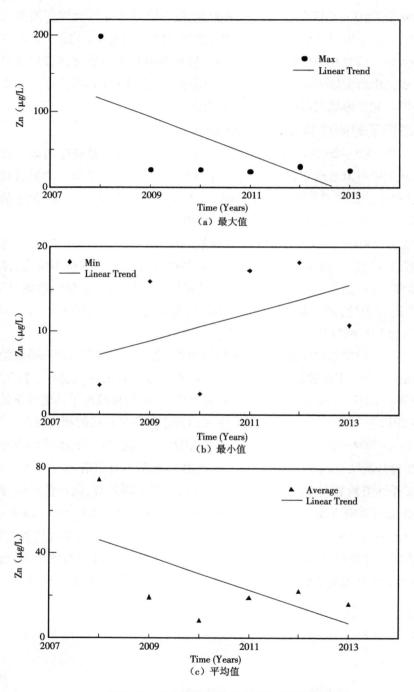

图 5.10　重金属锌时间序列多尺度趋势分析

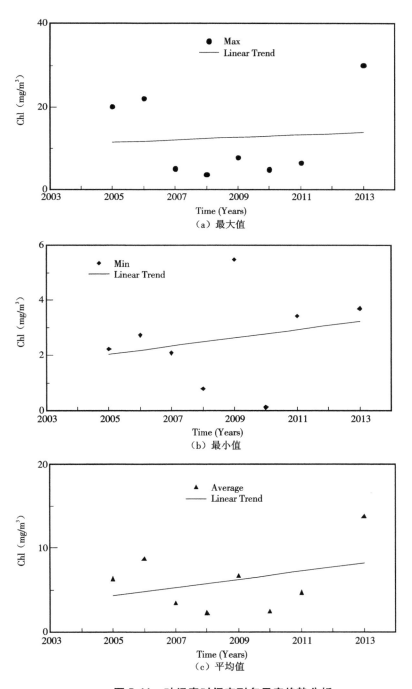

（a）最大值

（b）最小值

（c）平均值

图 5.11　叶绿素时间序列多尺度趋势分析

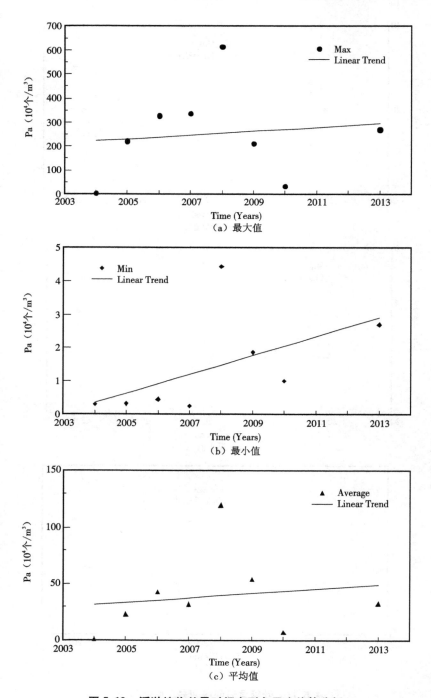

图 5.12　浮游植物总量时间序列多尺度趋势分析

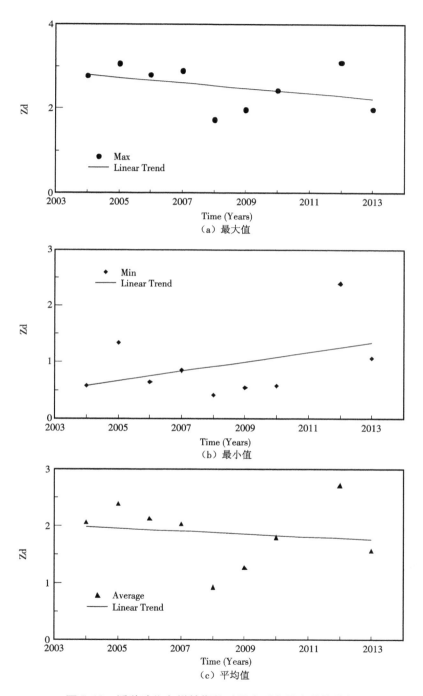

（a）最大值

（b）最小值

（c）平均值

图 5.13　浮游动物多样性指数时间序列多尺度趋势分析

5.5.3 天津近岸海域沉积物因子时间序列多尺度趋势分析

采用最小二乘法,开展近十年天津近岸海域底质沉积物因子时间序列多尺度趋势分析,海洋底质沉积物指标包括有机碳、石油类、重金属汞、重金属铜、重金属铅、重金属镉、重金属锌、砷、重金属铬和硫化物共 10 个指标,如图 5.14 ~ 图 5.23 所示。

图 5.14 是 2008—2013 年有机碳最大值、最小值和平均值时间序列多尺度趋势分析结果,从图中可以看出在分析年份内,有机碳最大值和平均值时间序列均呈现增长趋势,最小值时间序列呈现下降趋势。所有监测数据均未超过海洋沉积物质量第一类标准。

图 5.15 是 2008—2013 年石油类最大值、最小值和平均值时间序列多尺度趋势分析结果,从图中可以看出在分析年份内,石油类最大值、最小值和平均值时间序列均呈现增长趋势。最大值时间序列分析显示,2013 年超过了海洋沉积物质量第一类标准,2010 年甚至超过了海洋沉积物质量第二类标准。除此之外,其余所有监测数据均未超过海洋沉积物质量第一类标准。

图 5.16 是 2008—2013 年重金属汞最大值、最小值和平均值时间序列多尺度趋势分析结果,从图中可以看出在分析年份内,重金属汞最大值、最小值和平均值时间序列呈现下降趋势。最大值时间序列分析显示,2008 年超过了海洋沉积物质量第一类标准。除此之外,其余所有监测数据均未超过海洋沉积物质量第一类标准。

图 5.17 是 2008—2013 年重金属铜最大值、最小值和平均值时间序列多尺度趋势分析结果,从图中可以看出在分析年份内,重金属铜最大值、最小值和平均值时间序列均呈现增长趋势。海域底质沉积物中重金属铜的污染形势应予以高度重视,最大值时间序列分析显示,2010 年、2012 年和 2013 年均超过了海洋沉积物质量第一类标准。特别是 2012 年,重金属铜平均污染水平也超过海洋沉积物质量第一类标准。

图 5.18 是 2008—2013 年重金属铅最大值、最小值和平均值时间序列多尺度趋势分析结果,从图中可以看出在分析年份内,重金属铅最大值和平均值时间序列均呈现增长趋势,最小值时间序列呈现下降趋势。所有监测数据均未超过海洋沉积物质量第一类标准。

图 5.19 是 2008—2013 年重金属镉最大值、最小值和平均值时间序列多尺度趋势分析结果,从图中可以看出在分析年份内,重金属镉最大值、最小值和平均值时间序列均呈现增长趋势。所有监测数据均未超过海洋沉积物质量第一类标准。

图 5.20 是 2008—2013 年重金属锌最大值、最小值和平均值时间序列多尺度趋势分析结果,从图中可以看出在分析年份内,重金属锌最大值、最小值和平均值时间

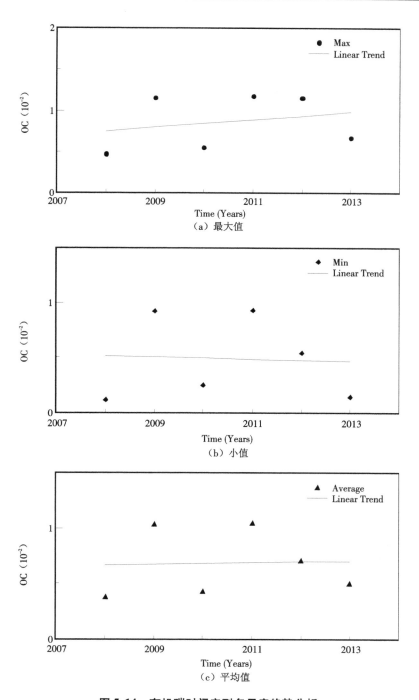

（a）最大值

（b）小值

（c）平均值

图 5.14　有机碳时间序列多尺度趋势分析

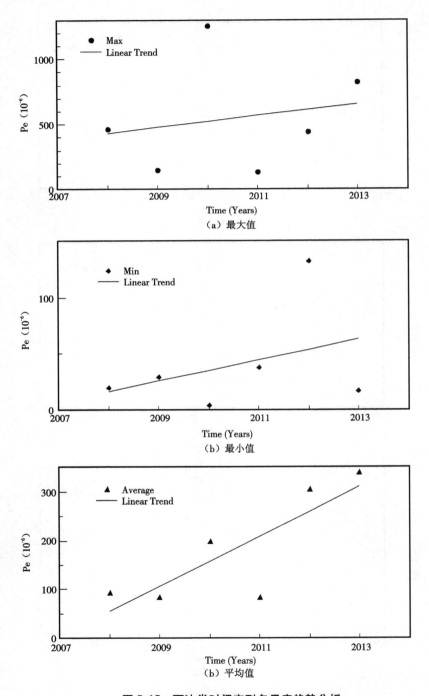

（a）最大值

（b）最小值

（b）平均值

图 5.15　石油类时间序列多尺度趋势分析

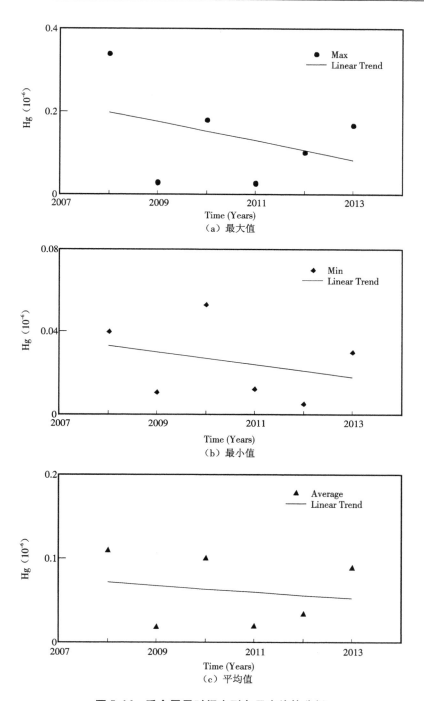

图 5.16 重金属汞时间序列多尺度趋势分析

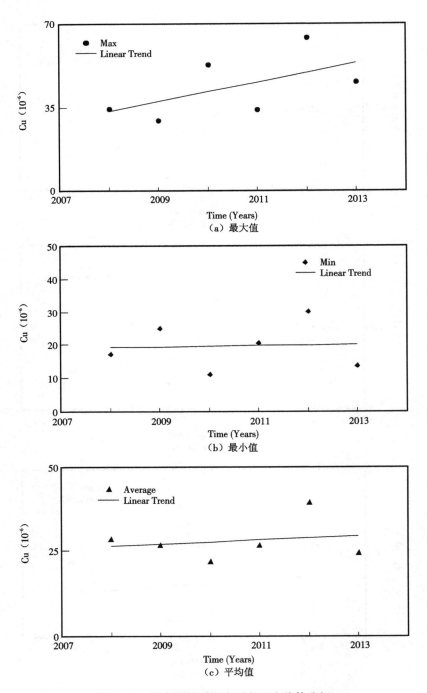

图 5.17 重金属铜时间序列多尺度趋势分析

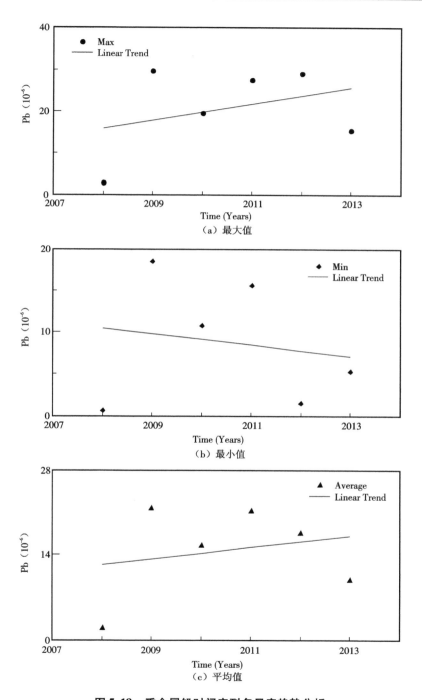

图 5.18　重金属铅时间序列多尺度趋势分析

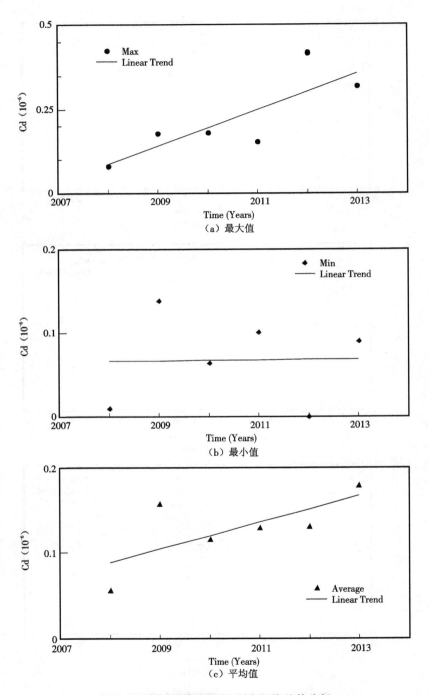

（a）最大值

（b）最小值

（c）平均值

图 5.19　重金属镉时间序列多尺度趋势分析

序列均呈现增长趋势。所有监测数据均未超过海洋沉积物质量第一类标准。

图 5.21 是 2008—2013 年砷最大值、最小值和平均值时间序列多尺度趋势分析结果(其中,缺少 2009 年和 2011 年数据),从图中可以看出在分析年份内,砷最大值呈现下降趋势,最小值呈现增长趋势,平均值时间序列略呈增长趋势。所有监测数据均未超过海洋沉积物质量第一类标准。

图 5.22 是 2010—2013 年重金属铬最大值、最小值和平均值时间序列多尺度趋势分析结果(其中,缺少 2011 年数据),从图中可以看出在分析年份内,重金属铬最大值、最小值和平均值时间序列均呈现增长趋势。海域底质沉积物中重金属铬的含量较高,特别是 2012 年,最大值和平均值均超过了海洋沉积物质量第一类标准,其余所有监测数据均未超过海洋沉积物质量第一类标准。

图 5.23 是 2008—2013 年硫化物最大值、最小值和平均值时间序列多尺度趋势分析结果(其中,缺少 2009 年和 2012 年数据),从图中可以看出在分析年份内,硫化物最大值、最小值和平均值时间序列均呈现增长趋势。特别需要注意的是 2013 年硫化物最大值出现了超过海洋沉积物质量第一类标准的现象,其余所有监测数据均未超过海洋沉积物质量第一类标准。

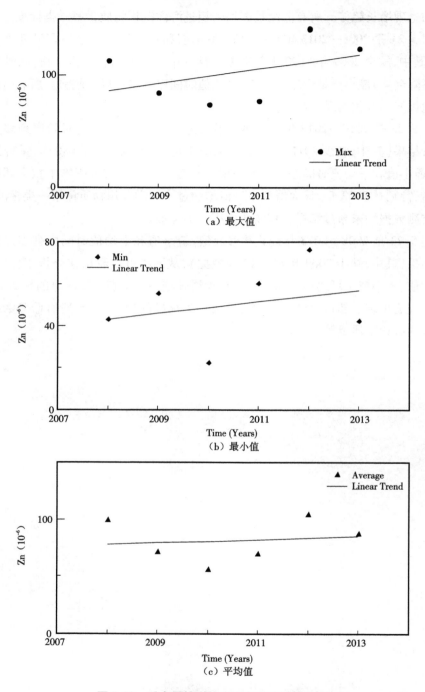

（a）最大值

（b）最小值

（c）平均值

图 5.20　重金属锌时间序列多尺度趋势分析

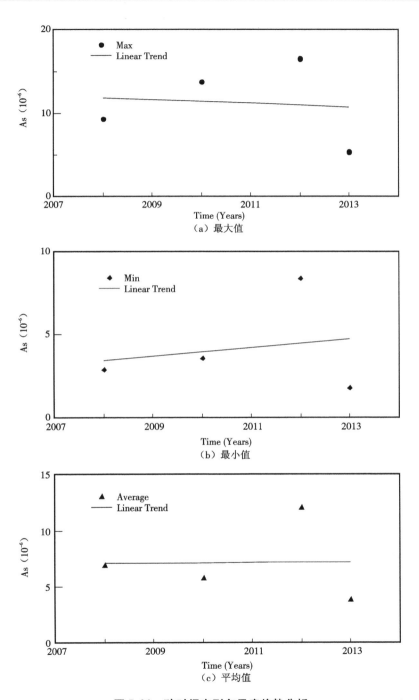

图 5.21　砷时间序列多尺度趋势分析

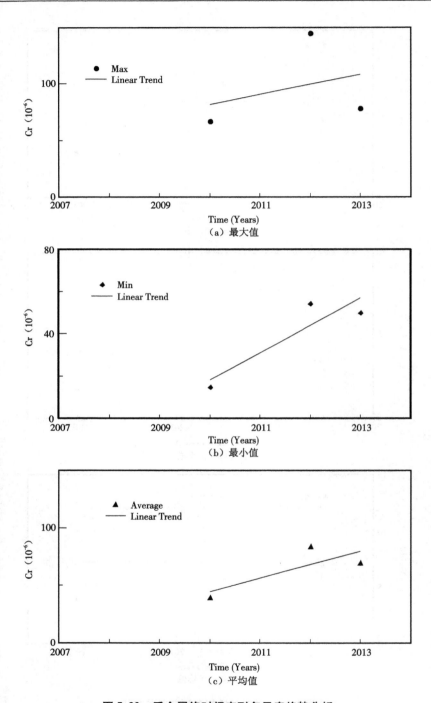

（a）最大值

（b）最小值

（c）平均值

图 5.22　重金属铬时间序列多尺度趋势分析

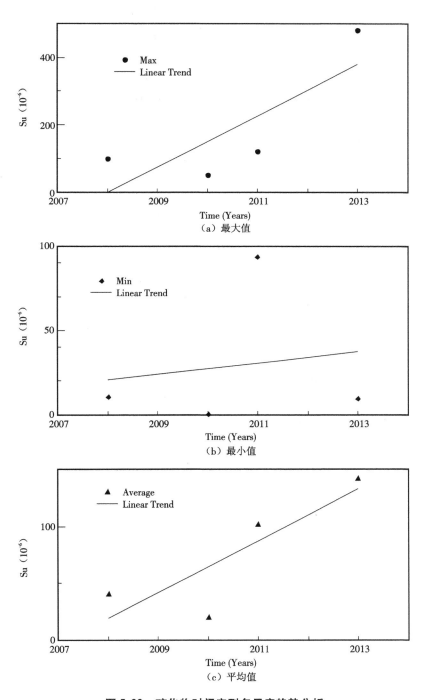

（a）最大值

（b）最小值

（c）平均值

图 5.23　硫化物时间序列多尺度趋势分析

5.6　天津及其近岸海域主要环境生态问题浅析

5.6.1　天津及其近岸海域主要环境生态问题

1. 近岸海域海洋环境质量状况依然严峻

1) 环境状况公报与海洋环境状况(质量)公报解读

2004—2013 年中国海洋环境状况公报(2004—2009 年称中国海洋环境质量公报)显示,天津近岸海域所属的渤海湾一直以来就是我国水污染较为严重的海湾之一。截至 2013 年,第一类、第二类、第三类、第四类和劣四类海水水质面积占海湾总面积的比例分别为 27.3%、16.1%、28.1%、13.4% 和 15.1%,主要污染物为无机氮、活性磷酸盐和石油类。海洋底质沉积物质量良好。天津近岸典型海洋生态系统呈亚健康状态。

2004—2013 年天津市环境状况公报显示,2004—2009 年天津市近岸海域水质保持稳定,水质达标率在 60% 以下,期间略呈上升趋势;2010—2013 年天津市近岸海域水质则呈逐年下降趋势。

2004—2013 年天津市海洋环境状况公报(2004—2010 年称天津市海洋环境质量公报)显示天津近岸海域水环境质量状况不容乐观。以 2013 年为例,公报显示春季(5 月)水质状况较差,夏季(8 月)水质状况一般,秋季(10 月)水质状况较差,主要污染物为无机氮和活性磷酸盐(2004—2013 年天津海域未达到清洁海域水质标准面积见表 5.3)。海洋沉积物质量总体良好,局部海域沉积物中多氯联苯和重金属铜含量超过第一类海洋沉积物质量标准。历史资料显示多年来天津海域海洋生态环境一直处于不健康或亚健康状态,渔业资源没有明显恢复,水体富营养化现象较普遍,浮游生物、大型底栖生物、潮间带生物、鱼卵等种类和密度降低、多样性指数减少等生态问题仍未得到有效遏制。

表 5.3　2004—2013 年天津海域未达到清洁海域水质标准面积

年份/年	未达到清洁海域水质标准面积/km²
2004	2 690
2005	2 910
2006	2 870
2007	2 850
2008	2 650

续表

年份/年	未达到清洁海域水质标准面积/km²
2009	2 600
2010	2 600
2011	2 600
2012	2 600
2013	1 900

2）近十年天津近岸海域水环境质量监测资料分析

近十年天津近岸海域水环境质量监测资料平行坐标与多尺度时间序列分析表明多数站位的无机氮和磷酸盐超过四类水质标准，为天津近岸海域的主要超标指标；石油类总体较好；重金属铅和锌均未超过三类水质标准；悬浮物基本满足一二类水质标准；COD 除极少数情况外，均满足三类水质标准；叶绿素在部分年份出现超过四类水质标准的现象；浮游植物总量较高，大多超过四类水质标准；浮游动物多样性总体较差。沉积物质量总体尚可。部分指标虽满足较好的水质与沉积物等标准（如底质沉积物中的重金属锌），但其持续增长的发展趋势应引起高度重视。

由此可见，天津近岸海域环境污染仍较重、海洋生态环境欠佳的现状仍然未得到改观，近岸海域环境质量状况依然严峻。

2. 环境污染及减排任务压力较大

截至 2013 年，天津市化学需氧量、氨氮、二氧化硫、氮氧化物排放总量分别比 2012 年下降 3.48%、2.82%、3.43%、6.75%，虽圆满完成国家下达的污染减排任务，但客观上减排增量的压力还在加大，其中既要消减新增量，又要消减历史存量，既要加快发展步伐，又要确保达到国家规定的降低污染物排放量的要求，因此污染减排任务仍然较为严峻。

3. 水资源严重缺乏

20 世纪 70 年代以来，海河流域上游相继建成大、中型水库 85 座，小型水库 1 500 多座，上游来水逐年减少，天津市水资源供需矛盾越来越突出。1982 年 5 月 11 日，"引滦入津"工程全线开工，并于 1983 年 9 月 11 日正式通水入津，天津市工业和城市居民生活用水的紧张状况虽在一定程度上得到缓解，但水资源总体短缺的局面仍未彻底改观，并于 2003—2005 年多次"引黄济津"，以解天津市用水的燃眉之急，天津市水资源缺乏的程度由此可见一斑。

天津市利用地势低洼、洼淀众多的有利地形，也修建了一批不同规模的平原水库，现拥有大型水库 2 座，中型水库 13 座，小型水库 35 座。其中于桥水库已被纳入"引滦入津"工程；北大港水库是华北地区第一座大型平原水库，总库容可达 5 亿 m³，对天津市用水起到了重要的作用。

截至 2013 年,引滦河道水质状况基本良好。于桥水库总体为三类水质,综合营养状态指数为 49.3,处于中营养状态;尔王庄水库、团泊洼水库为中营养;北大港水库为轻度富营养;七里海水库为中度富营养。在全市主要监测的 25 条全长 1 360 km 的河流中,干涸河长占监测总长度的 5.1%;二、三类水质河长占 12.3%;四、五类河长占 25.1%;劣五类河长占 57.5%,主要污染因子为氨氮、化学需氧量和总磷。

由此可见,天津市水资源严重缺乏,主要河流和水库水质质量较为一般。随着天津滨海新区开发开放力度的不断加大,工业和城市居民生活用水量势必持续增长,水资源短缺的问题仍将是近期内困扰滨海新区发展的一个难题。水资源缺口的解决仍有赖于外部供水、再生水和海水淡化,但任重而道远。

4. 海洋生物资源受到污染,生物多样性受到挑战

2004—2013 年天津市海洋环境状况公报(2004—2010 年称天津市海洋环境质量公报)显示天津海域浮游植物和潮间带生物多样性指数偏低;浮游动物和大型底栖生物多样性维持水平中等;群落结构基本稳定。增养殖区生物质量监测表明生物体内铅、石油烃、砷、总汞等多种污染物含量分别在不同年份内超出了《海洋生物质量》第一类标准,其对人体健康的潜在危害应引起足够的重视。

近十年天津近岸海域水环境质量监测资料显示浮游植物生物多样性指数年均值位于 0.71 ~ 2.75 之间,浮游动物生物多样性指数年均值位于 0.93 ~ 2.71 之间,海域海洋生境质量较差。浮游植物细胞数量分布基本呈现由岸向海递增的趋势,表明浮游植物分布已经受到人类活动污染和干扰。

生态环境不断恶化的同时,自然保护区面积不断缩小,截至 2010 年天津市共有自然保护区 8 个,其中国家级自然保护区 3 个,保护区面积则由 2006 年的 16.28 万 ha,减少到 2010 年的 9.11 万 ha,并于 2013 年缩减为 9.06 万 ha。

5. 赤潮灾害频发

赤潮是一种严重的海洋灾害,指在特定的环境条件下,海水中某些浮游植物、原生动物或细菌爆发性增殖或高度聚集而引起水体变色的一种有害生态现象。赤潮的发生破坏了海洋的正常生态结构,不仅威胁海洋生物的生存,造成巨大的经济损失,而且对人体健康也存在较大的间接影响。

赤潮已成为一种世界性的公害,全世界有 30 多个国家和地区都不同程度地受到过赤潮的危害。随着环境污染的加剧,我国近岸海域赤潮灾害也有加重趋势,天津海域也不例外。根据可查证的历史资料和 2004—2013 年天津市海洋环境状况公报(2004—2010 年称天津市海洋环境质量公报),天津海域发生赤潮统计见表 5.4 所示。

表 5.4　天津海域历史赤潮统计表

年份/年	赤潮发生次数/发生位置	累计发生面积/km²	主要赤潮种类
1977	1 次/大沽口附近	560	微型原甲藻
1989	1 次/天津海域	1 300	甲藻类
1998	1 次/大沽锚地	1 500	漆沟藻、叉角藻
1999	2 次/大沽锚地、歧口	1 525	叉角藻
2001	2 次/天津港防波堤、歧口	250	圆筛藻、多甲藻、曲舟藻
2002	2 次/海河口、天津港	2.5	微小原甲藻/裸甲藻
2003	1 次/大沽锚地以东	100	夜光藻
2004	2 次/天津海域	720	米氏凯伦藻/海洋卡盾藻
2005	1 次/天津海域	750	棕囊藻、赤潮异弯藻、微型原甲藻
2006	3 次/天津赤潮监控区及附近海域	860	圆筛藻、赤潮异弯藻、球形棕囊藻
2007	3 次/天津赤潮监控区及附近海域	240	中肋骨条藻、球形棕囊藻、浮动弯角藻
2008	1 次/天津赤潮监控区及附近海域	30	叉状角藻、小新月菱形藻
2009	3 次/天津港外、蔡家堡外、天津港航道至汉沽海域	360	中肋骨条藻、夜光藻
2010	2 次/天津港航道至汉沽、汉沽海域	不详	夜光藻、威氏圆筛藻、尖刺菱形藻
2012	2 次/汉沽、塘沽海域	416.2	丹麦细柱藻、柔弱伪菱形藻、短角弯角藻、诺氏海链藻、旋链角毛藻、中肋骨条藻
2013	3 次/天津港东部、天津港航道、临港经济区东部海域	304	夜光藻、尖刺拟菱形藻、红色中缢虫、中肋骨条藻、诺氏海链藻、窄面角毛藻、柔弱拟菱形藻

注:部分年份因赤潮面积与种类均不详,未采用,2011 年未发生赤潮。

　　表 5.4 显示出近年来天津海域赤潮发生呈现规模小、频率高、分布广的特点,除 2011 年未发生赤潮外,每年都有规模不等的赤潮发生。特别是 2006 年 10 月和 2007 年 11 月天津海域发生了两次球形棕囊藻和浮动弯角藻赤潮,其覆盖面积广,持续时间长,对生态系统危害作用较大,对海洋渔业造成了一定的经济损失,同时赤潮发生期的延长也对天津海域赤潮监控与防治工作提出了更高的要求。

6. 环境空气质量水平有待提高

　　空气质量反映了空气污染程度,它是依据空气中污染物浓度的高低来判断的。在特定时间和地点空气污染物浓度受到许多因素影响。来自固定和流动污染源的人为污染物排放是影响空气质量的最主要因素之一,其中包括车辆、船舶、飞机的尾气,工业企业生产排放,居民生活和取暖,垃圾焚烧,城市的发展密度,地形地貌和气象等。空气质量指数(Air Quality Index,简称 AQI)是定量描述空气质量状况的无量纲指数,主要考虑细颗粒物、可吸入颗粒物、二氧化硫、二氧化氮、臭氧、一氧化碳 6 项污染物。

2004—2013 年天津市环境状况公报显示近十年来,天津市环境空气质量较为一般。可吸入颗粒物是影响天津市环境空气质量的首要污染物。以 2013 年为例,天津市二氧化硫(SO_2)年平均浓度为 59 $\mu g/m^3$,低于年平均浓度标准(60 $\mu g/m^3$);二氧化氮(NO_2)年平均浓度为 54 $\mu g/m^3$,超过年平均浓度标准(40 $\mu g/m^3$)0.35 倍;可吸入颗粒物(PM_{10})年平均浓度为 150 $\mu g/m^3$,超过年均浓度标准(70 $\mu g/m^3$)1.14 倍;细颗粒物($PM_{2.5}$)年平均浓度为 96 $\mu g/m^3$,超过年平均标准(35 $\mu g/m^3$)1.74 倍。全市二氧化硫、二氧化氮多年变化呈现明显下降趋势,近两年出现小幅回升,可吸入颗粒物多年变化呈现显著下降趋势,但 2013 年明显上升。环境空气质量无显著空间差异,位于北部山区和东南部沿海地区的颗粒物浓度略低于其他区域,细颗粒物在西南部和东北区域污染较重,二氧化硫在中心城区和东北地区污染状况略重于其他区域,二氧化氮在西部区域污染状况略重于其他区域。

近年来,环境空气质量越来越受到人们的重视,特别是京津冀地区持续大范围的雾霾天气频繁出现,对京津冀地区的经济社会发展和人民身体健康造成了严重的影响(见表 5.5)。以 2014 年 9 月为例,天津市空气质量在全国 190 个城市中排名 160 位,在全国 31 个省区市中排名 27 位[①],空气质量指数为 83,空气质量等级良好,其中 $PM_{2.5}$ 为 56 $\mu g/m^3$,PM_{10} 为 87 $\mu g/m^3$。

表 5.5　空气质量指数标准

空气质量指数	空气质量指数级别	空气质量指数类别	对健康影响情况
0~50	一级	优	空气质量令人满意,基本无空气污染
51~100	二级	良	空气质量可接受,但某些污染物可能对极少数异常敏感人群健康有较弱影响
101~150	三级	轻度污染	易感人群症状有轻度加剧,健康人群出现刺激症状
151~200	四级	中度污染	进一步加剧易感人群症状,可能对健康人群心脏、呼吸系统有影响

---

① 此空气质量排名不含我国的港、澳、台地区。

续表

空气质量指数	空气质量指数级别	空气质量指数类别	对健康影响情况
201～300	五级	重度污染	心脏病和肺病患者症状显著加剧,运动耐受力降低,健康人群普遍出现症状
＞300	六级	严重污染	健康人群运动耐受力降低,有明显强烈症状,提前出现某些疾病

　　2000—2013 年天津市空气质量指数统计分析显示(如图 5.24、图 5.25 和表 5.6、表 5.7 所示),除 2000 年、2001 年和 2013 年天津市空气质量等级为轻度污染外,其余统计年份等级均为良,但空气质量指数最大值除 2010 年为中度污染外,均达到重度,甚至严重污染水平。月度统计显示,7 月、8 月和 9 月是全年空气质量最好的月份,其余月份最大值也都达到了重度、严重污染水平。同时天津市的环境空气质量优良率已由 2011 年的 87.7% 锐减至 2013 年的 40%。由此可见,天津市空气质量在绝大多数月份和年份内存在严重污染的极值,尽管平均值较小,亦即污染持续时间较短,但其对人民生活环境和人体健康的影响绝不容忽视。

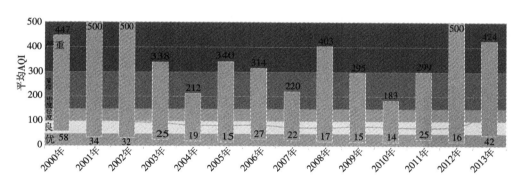

图 5.24　2000—2013 年天津市空气质量指数年度统计

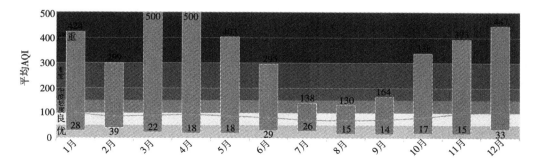

图 5.25　2000—2013 年天津市空气质量指数月度统计

表 5.6 2000—2013 年天津市空气质量指数年度统计表

年份/年	最小值	最大值	平均值	质量等级
2000	58	447	111	轻度污染
2001	34	500	114	轻度污染
2002	32	500	98	良
2003	25	338	93	良
2004	19	212	83	良
2005	15	340	82	良
2006	27	314	84	良
2007	22	220	74	良
2008	17	403	73	良
2009	15	295	78	良
2010	14	183	75	良
2011	25	299	72	良
2012	16	500	77	良
2013	42	424	146	轻度污染

表 5.7 2000—2013 年天津市空气质量指数月度统计表

月份/月	最小值	最大值	平均值	质量等级
1	28	424	100	良
2	39	299	86	良
3	22	500	89	良
4	18	500	92	良
5	18	403	86	良
6	29	295	80	良
7	26	138	71	良
8	15	130	69	良
9	14	164	72	良
10	17	338	81	良
11	15	393	96	良
12	33	447	103	轻度污染

$PM_{2.5}$是雾霾天气产生的主要元凶。研究表明,京津冀地区的雾霾,特别是强雾霾天气是由中东部大气稳定、人为污染排放、浮尘和丰富水汽共同作用的结果,是一

次自然因素和人为因素共同作用的事件。对于整个京津冀区域,应重点控制工业和燃煤中燃烧过程的脱硫、脱硝和除尘;同时要高度关注柴油车排放和油品质量。控制灰霾还是需要从控制污染物排放着手。

5.6.2 引起环境问题的原因分析

天津及其近岸海域存在海洋环境质量状况不容乐观、环境污染及减排任务压力大、水资源严重缺乏、海洋生物资源污染严重、生物多样性水平较低、赤潮灾害频发、环境空气质量水平不高等一系列环境生态问题,究其原因,主要在于入海污染源的过度排放和超标排放以及天津海岸线及近岸海域的大规模开发。水资源问题由来已久,环境空气质量问题更应纳入京津冀一体化,乃至整个华北地区中予以研究和探讨。

1. 入海污染源过度排放与超标排放

陆源排放是造成我国近岸海域水环境污染的最主要因素,85%的海洋污染物来自于陆源排放(彭香葱和左华,2012;李绪录等,2014)。陆源排放已对我国近岸海域,尤其是排污口邻近海域造成巨大环境压力。长期、连续、大量的污水排放使得排污口邻近海域海水污染严重,生物多样性降低,已严重制约了排污口邻近海域海洋功能的正常发挥。

天津素有"九河下梢"之称,背靠京津和华北广大腹地,每年需要接纳来自北京、河北等省市十几亿吨的工业废水和生活污水,使得渤海湾成为全国近岸海域环境污染较为严重的海湾之一。天津市每年均对辖区内北塘、大沽排污河和子牙新河 3 个重点入海排污口及其邻近海域,11 个一般入海排污口(子牙新河入海排污口于 2013年确定为重点入海排污口,之前为一般入海排污口;2004 年仅监测大沽排污河),永定新河、潮白新河和蓟运河 3 条入海河流(2005—2009 年仅监测永定新河;2010 年监测永定新河和潮白新河;2011—2013 年监测永定新河、潮白新河和蓟运河 3 条入海河流),进行了跟踪监测,结果表明陆源排污状况不容乐观,入海排污口均存在不同程度的污染物超标排放现象,重点排污口邻近海域环境质量较差,入海河流水质较差。

1)入海排污口

2005—2013 年天津市一般入海排污口超标状况及主要污染物见表5.8。

表 5.8　2005—2013 年天津市一般入海排污口超标状况与污染物

年份/年	超标率/%	主要和部分超标污染物
2005	100	化学需氧量、磷酸盐、悬浮物
2006	87	化学需氧量、悬浮物、磷酸盐、五日生化需氧量、氨氮
2007	85.7	化学需氧量、悬浮物、磷酸盐、氨氮、石油类
2008	84.6	化学需氧量、悬浮物、磷酸盐、氨氮、石油类
2009	78.6	悬浮物、化学需氧量、氨氮、总磷
2010	100	悬浮物、化学需氧量、氨氮、总磷
2011	92.9	悬浮物、化学需氧量
2012	100	化学需氧量、总磷、悬浮物
2013	100	化学需氧量、总磷、悬浮物

在国家大力提倡节能减排、总量控制的前提下,天津市近年来很好地完成了主要污染物减排工作。但由表 5.8 可知,2005—2013 年天津市一般入海排污口均存在不同程度的超标现象,2005—2009 年超标率有下降趋势,2010 年之后超标现象比较严重;化学需氧量、悬浮物和总磷是一般入海排污口的主要超标污染物,其中化学需氧量尤为突出。

2005—2013 年天津市重点入海排污口全部出现超标现象。2004 年大沽排污河入海污染物及总量分别为化学需氧量 443 751 t,氨氮 10 597 t,石油类 134 t,五日生化需氧量 36 736 t,磷酸盐 684 t,悬浮物 35 059 t。2005—2011 年粪大肠菌群是重点入海排污口超标最为严重的主要污染物,2012 年和 2013 年则为粪大肠菌群、化学需氧量和五日生化需氧量。由于直接承受超标污水的排放影响,重点入海排污口邻近海域环境污染较严重,环境质量不容乐观。2004—2013 年全部为劣四类水质,主要污染物为无机氮、磷酸盐、五日生化需氧量和化学需氧量;沉积物质量状况良好;2004 年大型底栖生物多样性较好、物种分布较均匀,2005 年和 2006 年大型底栖生物种类和密度一般,与其他近岸海域相差不大,但从 2007 年开始,生态环境不断恶化,大型底栖生物种类和密度逐渐变差,甚至 2008 年大沽排污口邻近海域出现了无大型底栖生物区,大型底栖生物生物多样性较差的问题一直持续至今仍未得到有效缓解和改善。

2)主要入海河流

2005—2013 年天津市入海河流均存在不同程度的超标现象,主要污染物是化学需氧量和营养盐,具体排放情况见表 5.9,天津河流中经常爆发的藻华现象也反映出河流富营养化程度之高(如图 5.26 所示)。入海排污口和入海河流的超标污水直接排放至天津近岸海域,是其水质富营养化与赤潮频发的主要诱因之一。

表 5.9　2005—2013 年天津市入海河流主要污染物及其排放情况

年份/年	河流	主要污染物	排放情况	
2005	永定新河	化学需氧量、营养盐	21 206 t	
2006	永定新河	化学需氧量、营养盐	化学需氧量最大值为 1 385 mg/L,年平均值为 516.9 mg/L;氨氮年平均值为 5.73 mg/L;磷酸盐年平均值为 0.365 mg/L;石油类年平均值为 0.334 mg/L	
2007	永定新河	化学需氧量、营养盐	化学需氧量最大值为 375.14 mg/L(141.9~375.14 mg/L);氨氮(未检出~3.95 mg/L);磷酸盐(0.069 6~0.815 mg/L),石油类(0.024 6~10.0 mg/L)	
2008	永定新河	化学需氧量、营养盐	化学需氧量最大值为 600 mg/L(5.08~600 mg/L);氨氮(0.027 9~0.217 mg/L);磷酸盐(0.233~1.10 mg/L);石油类(0.089 1~0.656 mg/L)	
2009	永定新河	化学需氧量、氨氮	化学需氧量(28.8~78.8 mg/L);氨氮(4.69~12.5 mg/L);石油类(0.098 7~4.46 mg/L);总磷(0.217~1.10 mg/L)	
2010	永定新河	化学需氧量、氨氮、总磷和总氮	化学需氧量(40.0~108 mg/L);总磷(0.358~2.13 mg/L);总氮(10.5~21.0 mg/L)	入海污染物总量约 4.12 万 t,其中化学需氧量 34 564 t,占 83.9%;营养盐 6 555 t(其中总氮 5 813 t);石油类 52.3 t;重金属类 11.6 t;有机污染物 0.178 t
	潮白新河	化学需氧量、总氮和总磷	化学需氧量(40.0~138 mg/L);总氮(1.77~3.11 mg/L);总磷(0.600~1.58 mg/L)	
2011	永定新河潮白新河蓟运河	总磷、化学需氧量和总氮	总磷超标率 100%,化学需氧量超标率 97.8%,总氮超标率 88.9%	
2012	永定新河潮白新河蓟运河	总磷、化学需氧量和总氮	总磷和化学需氧量超标率均为 100%,总氮超标率为 68.8%;均劣于第五类地表水环境质量标准	
2013	永定新河潮白新河蓟运河	化学需氧量、总氮和总磷	化学需氧量超标率为 100%,总氮超标率为 88.4%,总磷超标率为 76.7%;均劣于第五类地表水环境质量标准	

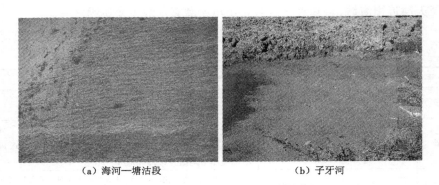

　　（a）海河—塘沽段　　　　　　　　　　（b）子牙河

图5.26　2010年10月天津河流藻华

3）近岸海域养殖业

　　无机氮和活性磷酸盐是天津乃至全国近岸海域的主要污染物,氮、磷污染问题日益突出,其主要原因:一是近岸海域养殖业迅速发展造成的水体富营养化,资料显示天津市近岸海域增养殖区内海水水质主要受到无机氮和活性磷酸盐的污染,超过第二类海水水质标准,水体呈富营养化状态,2009—2013年营养指数整体呈上升趋势(如图5.27所示),富营养化程度不断加重,这是造成近岸海域水体富营养化的原因之一;二是农业生产大量施用化肥和农药,其中氮、磷污染物,除部分被植物吸收外其余大部分均随降雨进入江河并最终入海;三是生活污水中包含大量含磷洗涤剂,也是水体中的磷污染负荷增加的重要原因之一。

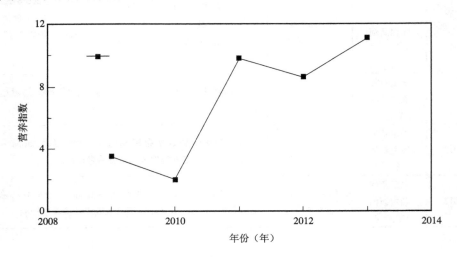

图5.27　2009—2013年天津市养殖区营养指数变化

2. 海岸带及海上大规模开发

天津作为我国 14 个首批开发开放的沿海城市之一,海洋经济一直是区域国民经济的重要组成部分。资料显示 2012 年天津市海洋生产总值 4 014 亿元(2011 年为 3 536亿元),比上年增长 14.06%(2011 年增速为 17%),占地区生产总值的 31.15%(2011 年为 31.6%),单位岸线产出规模达 26 亿元(2011 年为 23.1 亿元),在全国沿海省区市中位居前列。

在海洋经济高速发展的同时,天津近岸海域生态环境正在遭受前所未有的改变,海洋生态系统一直处于不健康或亚健康的不良状态,水体中氮、磷营养物质含量较高,富营养化现象普遍,长期的水体污染致使海洋生态系统失衡,生物群落结构、数量、密度和多样性指数较差,除了陆源污染排放和过度渔业捕捞等原因外,另一个重要的威胁来自于近岸海域海洋工程开发建设,特别是大规模的围填海工程。图 5.1 直观地展示了天津海岸线及近岸海域开发建设的全过程,目前的汉沽港区、北塘港区、北疆港区、南疆港区、东疆港区、临港港区(即大沽口港区一部分)、高沙岭港区和大港港区格局均采用围海造陆形成。

围填海是人类为缓解土地供求矛盾而向海洋拓展生存空间的一种海洋开发活动,可以扩大耕地面积、增加粮食产量,也是缓解城市建设和工业生产用地紧张的重要手段。世界上大多数沿海国家都有或长或短的围海造地历史,如荷兰、日本等,也因此积累了比较丰富的经验(张军岩和于格,2008;刘伟和刘百桥,2008;刘荣杰等,2014;罗章仁,1997)。

大规模围填海给沿海城市和地区带来了巨大的经济社会效益的同时,海洋与海岸带的自然属性也被永久性地改变,天然滨海湿地、潮间带面积大幅减小,导致许多重要的鱼、虾、蟹和贝类等海洋生物的产卵、育苗场所消失,海洋渔业资源遭受严重损害;长途迁徙的鸟类饵料数量减少,削弱了鸟类栖息地的功能;生物多样性水平迅速下降,导致海洋与海岸带生态系统为人类提供的服务功能受损甚至完全丧失。陆源污染和围填海工程等是影响渤海湾生态系统健康的主要因素。

3. 其他

海上船舶、采油平台排污,特别是海上溢油事故是造成天津海域油污染的又一重要因素。1998—2008 年近 11 年的统计资料显示,仅天津港就发生污染事故 70 次,除船舶溢油外,不同类型、影响大小不一的溢油事故时有发生,对海洋渔业(沈新强和袁琪,2014)乃至整个海洋生态系统造成了深远的影响。特别是一类无主溢油污染事故,以其全过程的突发性、随机性和高度不确定性,导致其处理、评估、溯源等工作难度加大。

5.7　天津滨海新区"十二五"规划纲要分析

2011 年 2 月 15 日,天津滨海新区公布了《天津市滨海新区国民经济和社会发展第十二个五年规划纲要(草案)》。《纲要》全面总结回顾了"十一五"时期的主要工作,并确立了"十二五"时期的奋斗目标和主要任务。

到 2015 年,天津滨海新区经济社会发展的总体目标是:中国北方对外开放的门户功能显著增强,现代制造业和研发转化基地基本建立,北方国际航运中心和国际物流中心地位基本确立,经济繁荣、社会和谐、环境优美的宜居生态型新城区框架基本形成,努力建设成为高端产业聚集区、科技创新领航区、生态文明示范区、改革开放先行区、和谐社会首善区,在加快经济发展方式转变、推进产业结构调整、深化改革开放、提高自主创新能力、推进文化大发展大繁荣、生态宜居建设和构建和谐社会等七个方面成为贯彻落实科学发展观的排头兵,确保到 2020 年全面实现国家对滨海新区的功能定位。从以上论述中不难发现滨海新区政府发展区域经济的目标和决心,近年来一批生态修复和环境保护工程建设更能体现滨海新区面貌的新变化(如图 5.28所示湿地公园为例),尤其是其中推进节能减排、加强生态修复和环境保护等内容是对生态文明建设全面的具体落实,这是滨海新区可持续发展、和谐发展、文明发展的巨大驱动力,同时也对滨海新区区域经济发展模式、产业结构与布局、科技创新能力等方面的发展提出了更高的要求。

图 5.28　天津临港经济区生态湿地公园一景

6 天津滨海区域综合承载力评价指标体系

6.1 评价指标选取原则

从系统的整体性角度出发,滨海区域综合承载力是由资源、环境、经济、社会、人口等众多子系统所组成的开放系统,具有综合性、复杂性、动态性、有限性等特点。滨海区域综合承载力评价是将子系统中为数众多的影响因子与其评价标准相耦合的对比分析过程。合理的影响因子(即评价指标)选取、指标体系构建是承载力评价的基础和关键,是承载力评价结果有效指导区域管理最重要的环节与保证,因此评价指标的选取应遵循以下原则。

1. 科学性原则

滨海区域综合承载力评价指标的选取与指标体系构建首先要建立在科学的基础上,所选指标应具备明确的概念、意义、内涵和外延,可以准确、清晰地度量和反映滨海区域综合承载力及其基本特征,能够客观真实地反映区域发展状况、各子系统和指标间的相互联系与相互作用,能够充分反映滨海区域综合承载力的内在机制。同时,评价指标数据的搜集、测算、统计以及评价等计算方法也应具备科学性、客观性和真实性。

2. 全面性原则

全面性是滨海区域综合承载力系统的出发点和关键点,因此评价指标选取和指标体系构建应具有足够的涵盖面,能够完整地表述各指标间、各子系统间及其与滨海区域综合承载力总系统间的相互联系与相互作用。同时过多的评价指标极易导致承载力偏于向好并失真,使其不能发挥应有的作用,因此评价指标选取应避免过度求大求全,各指标应该避免重复,保持相互独立,以此保证整个指标体系所反映的系统信息是充分有效的。

3. 可操作性原则

任何事物都是处于不断发展和变化之中的,滨海区域综合承载力评价是基于现有评价指标数据所做的一个规律评价、分析与趋势探讨,必定是一个长期的动态过程,实时动态变化是滨海区域综合承载力系统的重要特征之一。因此,在评价指标选取和指标体系构建过程中,应充分保证统计理论与时间维度的有机契合,同时化繁为简,从复杂的系统过程中,提取出简明有效的评价指标,由此应充分考虑评价指标数据的可操作性、可行性、可获得性以及指标量化难易程度的可测性与可比性。

4. 区域性原则

任何一个具体区域的综合承载力系统必然会因其系统组成和各子系统相互关系的不同而呈现出各自不同的区域特点,因此在评价指标选取和指标体系构建的过程中,应充分分析区域的特色和特点,如滨海区域综合承载力系统中涉海子系统,通过具有明显区域特点的评价指标的选取,既能反映出区域的特性,保证研究更具实际指导意义,又是综合承载力评价可靠性与有效性的保障。

由资源、环境、经济、社会、人口等众多子系统所组成的滨海区域综合承载力开放系统,内部结构复杂,各个子系统之间相互联系,相互制约,相互影响。因此,评价指标选取和指标体系构建应遵循科学性、全面性、可操作性和区域性等原则,同时指标体系一定要层次分明,条理清晰,客观准确地反映滨海区域综合承载力水平及其发展状况。

6.2　结合区域特点的指标体系组成

天津滨海新区是天津市乃至我国北方最重要的沿海开发开放窗口之一。近几年来,新区经济建设等各方面均呈现较快的发展态势,由此也引起了一定的环境生态问题,科学合理地评价天津滨海区域综合承载力并及时发现承载力制约因子是支撑区域可持续发展、指导区域管理的重要手段和依据。海洋属性是天津滨海新区最重要的区域特征之一,海洋经济已占区域国民经济三成多,是区域国民经济的重要组成部分。因此遵循评价指标选取与指标体系构建原则,特别是其海洋属性这一特点,建立天津滨海区域综合承载力评价指标体系,如图 6.1 所示。

由天津滨海区域综合承载力指标体系(图 6.1)可知,天津滨海区域综合承载力系统包含经济、人口、资源、社会、生活和环境六个主要的子系统,各子系统由相应的组成部分和具体的评价指标所构成。

1. 经济子系统

经济子系统有 GDP 年增长率 I_1(%)、万元 GDP 废水排放量 I_2(t)、万元 GDP 的 SO_2 排放量 I_3(kg)和万元 GDP 固体废物产生量 I_4(kg)4 个评价指标,其不仅可以充分体现区域经济发展增速,更能通过三废与经济总量间的关系,客观地反映出区域经

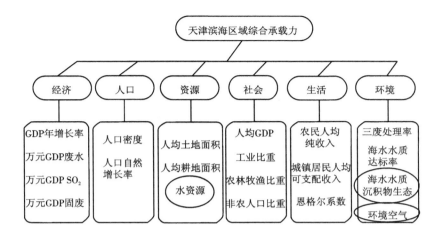

图6.1 天津滨海区域综合承载力评价指标体系组成

济的发展模式。

2. 人口子系统

选取人口密度 I_5（人/km²）和人口自然增长率 I_6（‰）2 个评价指标。

3. 资源子系统

选取对天津滨海区域具有较重要影响的土地资源和水资源两大部分,其中土地资源有人均土地面积 I_7（亩/人）和人均耕地面积 I_8（亩/人）2 个评价指标;水资源则根据区域历史、现状（范翠英,2013）和未来发展趋势（刘婧尧等,2014）以及水资源紧缺标准（万晓明,2005）,给出水资源部分评价指标为人均水资源量 I_9（m³/人）。

4. 社会子系统

选取了人均 GDP I_{10}（元/人）、工业总产值占 GDP 比重 I_{11}（%）、农林牧渔总产值占 GDP 比重 I_{12}（%）和非农业人口占总人口比重 I_{13}（%）4 个评价指标。

5. 生活子系统

选取了农民人均纯收入 I_{14}（元/人）、城镇居民人均可支配收入 I_{15}（元/人）和恩格尔系数 I_{16}（%）3 个评价指标。

6. 环境子系统

环境子系统是天津滨海区域综合承载力系统最为关注的组成部分,其中不仅考虑了 3 个污染排放指标,即三废处理率指标(工业废水处理率 I_{17}（%）、工业 SO₂ 处理率 I_{18}（%）、工业固体废物处理率 I_{19}（%）),更加注重环境受体的综合表现,引入了近海水质达标率指标 I_{20}（%）,海水水质指标,海洋生态指标,海洋底质沉积物指标和环境空气质量指标。其中,海水水质指标包括悬浮物 I_{21}(mg/L),化学需氧量 I_{22}(mg/L),无机氮 I_{23}(mg/L),磷酸盐 I_{24}(μg/L),石油类 I_{25}(μg/L),重金属铅 I_{26}(μg/L)和重金属锌 I_{27}(μg/L)7 个评价指标;海洋生态指标包括叶绿素 I_{28}(mg/m^3),浮游植物总量 I_{29}(10^{4}个/m^3)和浮游动物多样性指数 I_{30}(无量纲)3 个评价指标;海洋底质沉积物指标包括有机碳 I_{31}(10^{-2}),石油类 I_{32}(10^{-6}),重金属汞 I_{33}(10^{-6}),重金属铜 I_{34}(10^{-6}),重金属铅 I_{35}(10^{-6}),重金属镉 I_{36}(10^{-6}),重金属锌 I_{37}(10^{-6}),砷 I_{38}(10^{-6}),重金属铬 I_{39}(10^{-6})和硫化物 I_{40}(10^{-6})10 个评价指标。环境空气质量指标直接将环境空气质量所属等级作为评价指标 I_{41}(无量纲),引入综合评价系统。

天津滨海区域综合承载力评价指标体系包含以上 6 个子系统的 41 个评价指标,其评价指标选取不仅体现了科学性、全面性和可操作性的原则,更能通过环境受体(海洋和空气)指标的引入,反映出区域的特点,指标体系结构层次分明、条理清晰,可以较为全面、客观、准确地应用于天津滨海区域综合承载力评价。

7　天津滨海区域综合承载力评价与分析

近十年是天津市,乃至全国国民经济高速发展的十年,也是城乡面貌不断变化、社会事业不断进步、民生不断改善的十年。在改革不断深入、经济形势持续向好的同时,我们也应清醒地认识到,我们的生存环境正在面临着严峻的考验。因此,科学、合理地评价、分析和总结近十年来天津经济社会发展中的综合承载力问题,对于及时发现问题、分析问题、解决问题,推动天津滨海区域可持续发展具有重要的意义和价值。

7.1　评价指标与指标标准

天津滨海区域综合承载力评价指标体系共包含经济、人口、资源、社会、生活和环境 6 个子系统中的 41 个评价指标。除了多个子系统之外,将天津滨海区域按照行政建制划分为塘沽、汉沽和大港三个子区域,建立了多子区域与多子系统的天津滨海区域综合承载力耦合评价体系,其最大的优势在于方便了对制约区域综合承载力水平的子区域、子系统和指标的发掘与发现,可充分保证并提高区域管理工作的水平和效率。

7.1.1　经济子系统指标

经济子系统包含 4 个指标,分别是 GDP 年增长率 I_1(%)、万元 GDP 废水排放量 I_2(t)、万元 GDP 的 SO_2 排放量 I_3(kg)和万元 GDP 固体废物产生量 I_4(kg),在最近十年里,其在塘沽、汉沽和大港的取值与变化趋势如图 7.1~图 7.4 所示。

图 7.1 是 2004—2013 年塘沽、汉沽和大港 GDP 年增长率,从图中可以直观地反映出近十年天津市塘沽、汉沽和大港滨海三区经济的高速发展,除汉沽 2006 年和大港 2007 年外,其余均保持两位数的高增长。区域经济的高速发展使得滨海新区发生了翻天覆地的变化,城市建设、交通运输、商业和金融等众多领域日新月异,滨海新区已从过去的天津郊县向"新型经济特区"不断迈进。

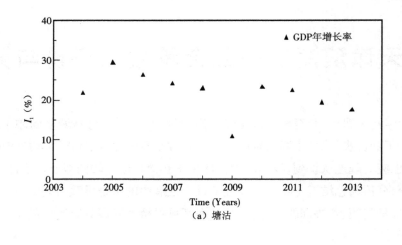

（a）塘沽

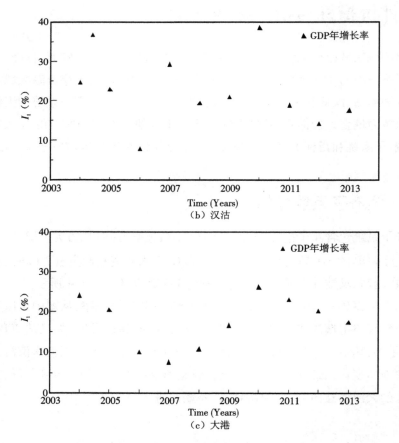

（b）汉沽

（c）大港

图 7.1　近十年 GDP 年增长率

图 7.2 是 2004—2013 年塘沽、汉沽和大港万元 GDP 废水排放量,万元 GDP 废水排放量是衡量和体现经济发展模式、水处理能力和环境保护的一个重要指标,从图中可以直观地反映出近十年随着新工艺和新技术的不断涌现以及对环境保护认识的逐步提高,滨海三区的万元 GDP 废水排放量正逐年减少,这与高速增长的 GDP 正好相反;2010—2013 年天津市生产用水总量分别为 17.71、18.4、18.172、19.285 亿 m³,生产用水总量不断攀升,GDP 高速增长,而万元 GDP 废水排放量则逐年下降,这表明滨海新区经济增长正在逐步摆脱高水资源消耗与高废水产出的旧模式,虽废水排放量亦有所增加(2012 年和 2013 年天津市废水排放总量为 5.688 3 和 5.951 5 亿 t),但同高速增长的 GDP 相比,增加不明显;生产用水过程中的用水效率有所提高。

图 7.3 是 2004—2013 年塘沽、汉沽和大港万元 GDP SO₂ 排放量,万元 GDP 废水排放量同样也是衡量和体现经济发展模式的重要指标,从图中可以直观地反映出近十年,塘沽区万元 GDP 废气排放量呈逐年递增的发展趋势;而汉沽和大港则呈现逐年下降的趋势;从万元 GDP SO₂ 排放量来看,塘沽区较小,汉沽区次之,大港区最大。究其原因在于相比于汉沽和大港,塘沽区经济总量较大,工业、港口运输业等高速发达,人口数量与密度逐年增加,以煤炭为主要能源的现实状况是废气产生总量不断增加的根本原因(孔大为等,2009);汉沽和大港万元 GDP SO₂ 排放量较大,特别是大港区,石油化工产业应是其主要原因。因此,新型清洁能源的发掘与引进、相关技术的开发与能源结构优化调整是当今的一项重要任务,特别是京津冀雾霾天气的不断恶化,使得该项任务更加紧迫。

图 7.4 是 2004—2013 年塘沽、汉沽和大港万元 GDP 固体废物产生量,从图中可以直观地反映出天津滨海三区万元 GDP 固体废物产生量在经历了 2006—2010 年新区建设大开发阶段后,正逐年减少;从万元 GDP 固体废物产生量来看,塘沽区较小,大港区次之,汉沽区最大。

7.1.2 人口子系统指标

人口子系统包含 2 个指标,分别是人口密度 I_5(人/km²)和人口自然增长率 I_6(‰),在最近十年里,其在塘沽、汉沽和大港的取值与变化趋势,如图 7.5 和图 7.6 所示。

图 7.5 是 2004—2013 年塘沽、汉沽和大港人口密度,从图中可以直观地反映出近十年,随着滨海新区经济建设的高速发展,新区人口数量与人口密度逐年提高;塘沽区是滨海三区中经济发展程度最高的区域,其人口数量与人口密度也最大,汉沽和大港次之。

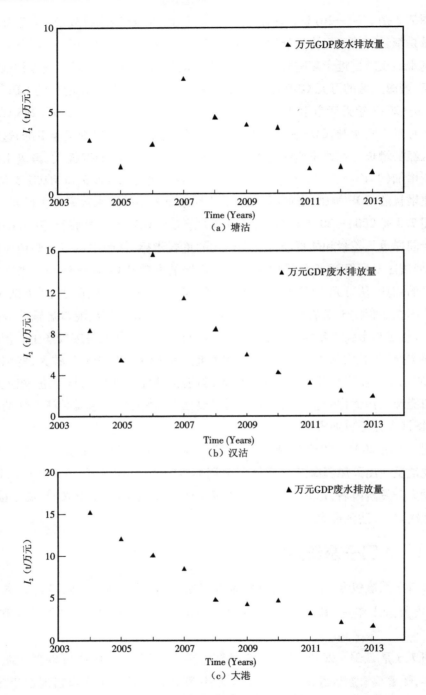

图 7.2　近十年万元 GDP 废水排放量

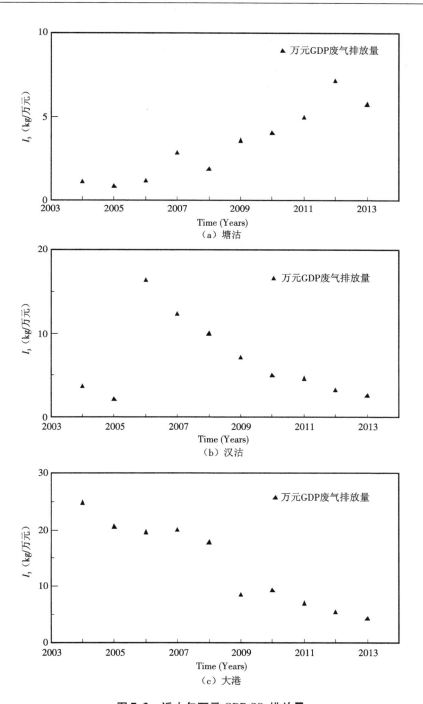

图 7.3　近十年万元 GDP SO₂ 排放量

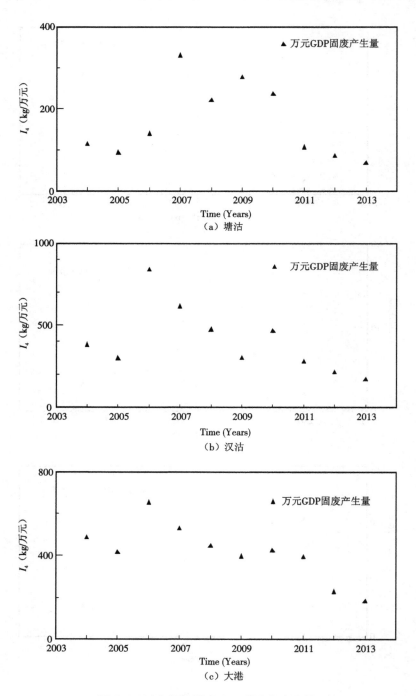

图7.4　近十年万元 GDP 固体废物产生量

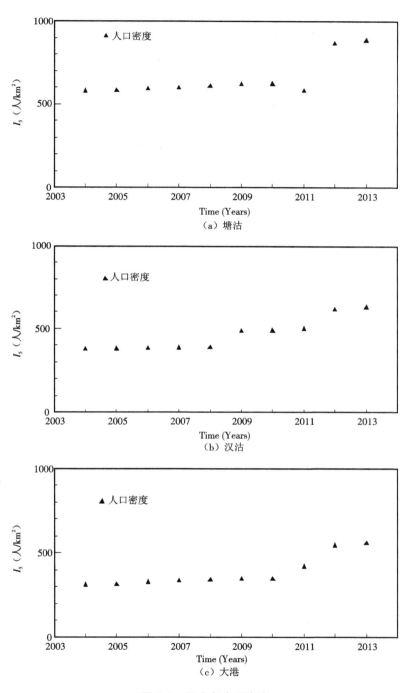

图7.5 近十年人口密度

图7.6是2004—2013年塘沽、汉沽和大港三区人口自然增长率,从图中可以看出近十年塘沽和汉沽两区人口自然增长状况相对较低,特别是汉沽区,甚至在2009年和2010年出现了人口负增长现象;相比于塘沽区和汉沽区,大港区的人口自然增长率则处于相对较高的状态;自1999年至今,天津市总体的人口自然增长率始终保持在3‰以内。近年来随着天津滨海新区的不断发展,外来人口迁入数量不断增多,2012年塘沽、汉沽和大港三区人口机械增长率分别达到了7.42‰、2.58‰和26.17‰,截至2013年滨海新区人口机械增长率达到了18.29‰,且这一数据为户籍人口统计状况,尚不包括临时居住的外来务工人员。人口数量的增加是天津滨海新区高速发展的使然,是新区建设和发展必需的人力资源条件,但也增加了社会资源消耗和环境生态压力。

7.1.3　资源子系统指标

资源子系统包含土地资源和水资源两大部分3个指标,分别是人均土地面积I_7(亩/人)、人均耕地面积I_8(亩/人)和人均水资源量I_9(m^3/人),在最近十年里,其在塘沽、汉沽和大港的取值与变化趋势,如图7.7～图7.9所示,其中人均水资源量指标无分区域数据,采用天津市全市统一的指标数据。

图7.7是2004—2013年塘沽、汉沽和大港人均土地面积,从图中可以直观地反映出近十年,随着新区建设与发展,人口数量激增,人均土地面积正逐年下降;三区中,大港人均土地面积最多,汉沽次之,塘沽则最少。

图7.8是2004—2013年塘沽、汉沽和大港人均耕地面积,从图中可以直观地反映出近十年,随着新区建设与发展,人口数量激增,人均耕地面积正逐年下降;三区中,大港人均耕地面积最多,汉沽次之,塘沽则最少;人口的激增是人均土地面积和人均耕地面积不断减少的主要原因,同时新区建设对土地的占用,特别是少量耕地的占用,也从根本上加剧了总量和人均量的减少。因此,高效的土地利用和合理的耕地保护在天津滨海区域建设过程中应予以高度重视;同时,天津滨海区域存在大量的盐碱荒地(冀媛媛,2009),其合理的开发利用、环境保护与生态建设是城市规划建设与区域均衡发展过程中应重点考虑的内容之一。

图7.9是2004—2013年天津市人均水资源量,从图中可以直观地反映出近十年天津市人均水资源量较低,始终处于严重缺乏状态。随着滨海新区经济的不断发展、人口不断增多,工业与居民生活用水量持续增长,水资源短缺问题仍将是滨海新区发展的长期掣肘。

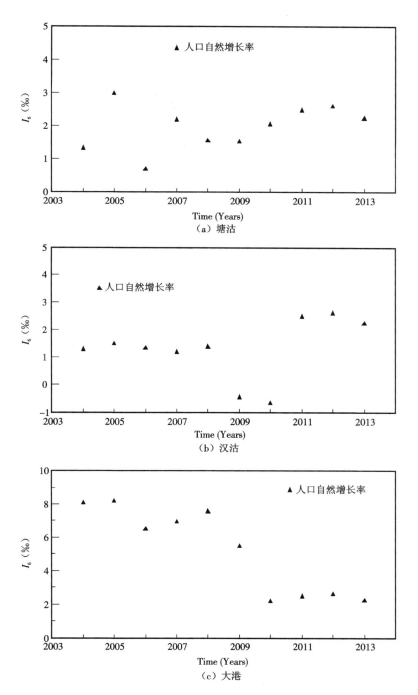

（a）塘沽

（b）汉沽

（c）大港

图7.6 近十年人口自然增长率

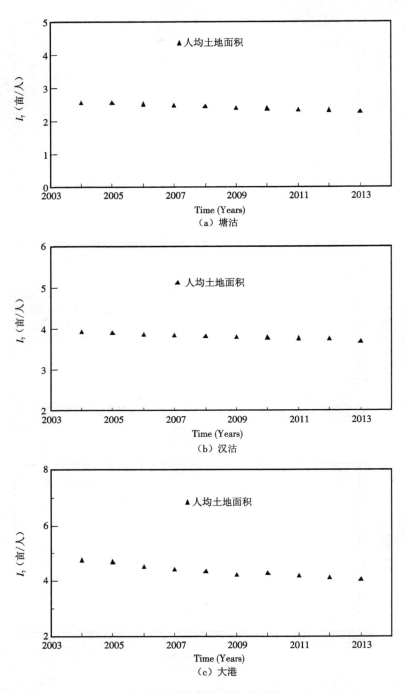

（a）塘沽

（b）汉沽

（c）大港

图7.7 近十年人均土地面积

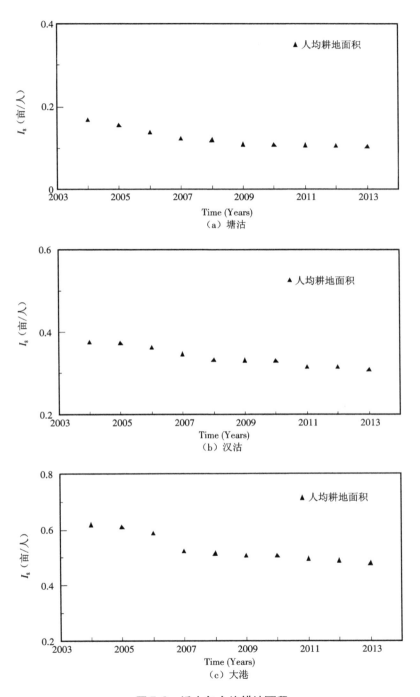

图7.8　近十年人均耕地面积

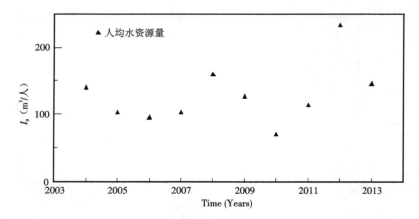

图 7.9　近十年人均水资源量(三区合一)

7.1.4　社会子系统指标

社会子系统包含 4 个指标,GDP I_{10}(元/人)、工业总产值占 GDP 比重 I_{11}(%)、农林牧渔总产值占 GDP 比重 I_{12}(%)和非农业人口占总人口比重 I_{13}(%),在最近十年里,其在塘沽、汉沽和大港的取值与变化趋势,如图 7.10~图 7.13 所示。

图 7.10 是 2004—2013 年塘沽、汉沽和大港人均 GDP,从图中可以直观地反映出近十年,尽管人口激增,但天津滨海三区 GDP 总量不断攀升,人均 GDP 水平呈逐年增长趋势。

图 7.11 是 2004—2013 年塘沽、汉沽和大港工业总产值占 GDP 比重,从图中可以直观地反映出近十年,天津滨海三区工业总产值占 GDP 比重基本维持在一个较平稳的发展态势,三个区所占比重也基本保持一致。

图 7.12 是 2004—2013 年塘沽、汉沽和大港农林牧渔总产值占 GDP 比重,从图中可以直观地反映出近十年,天津滨海三区农林牧渔总产值占 GDP 比重均呈逐年下降趋势;三区中,汉沽所占比重最大,大港次之,塘沽则最少。

图 7.13 是 2004—2013 年塘沽、汉沽和大港非农业人口占总人口比重,从图中可以直观地反映出近十年,天津滨海三区非农业人口比重逐年增加;三区中,塘沽区非农业人口比重最大,汉沽和大港次之。随着经济的不断发展,滨海新区吸引了大量的外来人口,特别是一大批高级技术人才不断增多,此外城镇化建设也是非农业人口比重较大的又一原因。

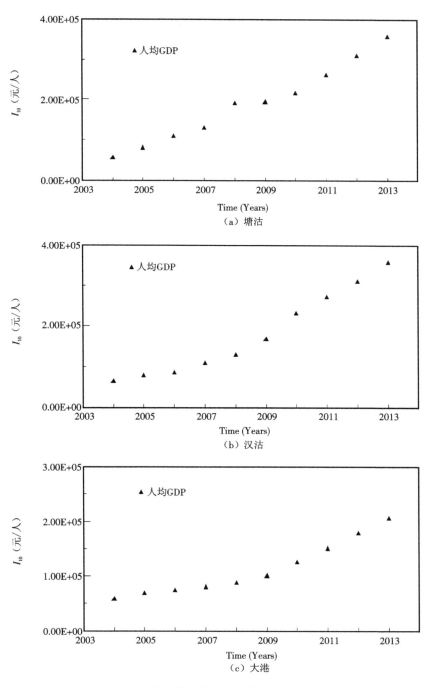

图 7.10　近十年人均 GDP

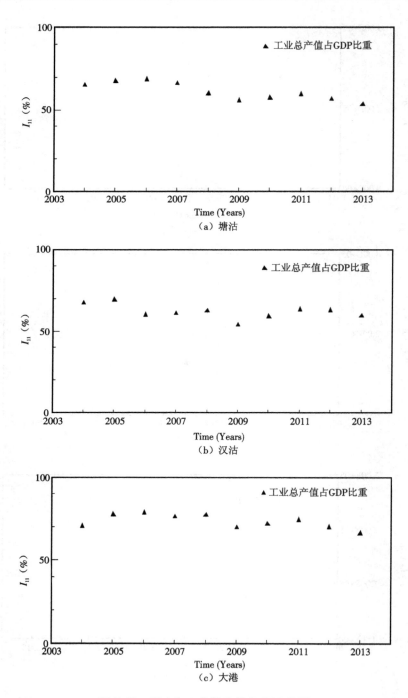

图 7.11　近十年工业总产值占 GDP 比重

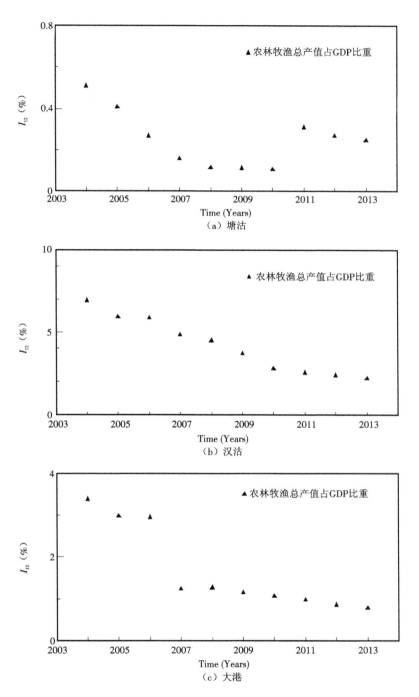

图 7.12　近十年农林牧渔总产值占 GDP 比重

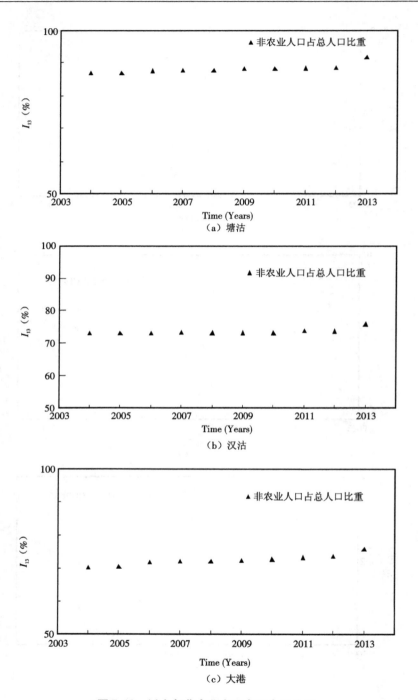

图 7.13　近十年非农业人口占总人口比重

7.1.5　生活子系统指标

生活子系统包含 3 个指标,分别是农民人均纯收入 I_{14}(元/人)、城镇居民人均可支配收入 I_{15}(元/人)和恩格尔系数 I_{16}(%),在最近十年里,其在塘沽、汉沽和大港的取值与变化趋势,如图 7.14 ~ 图 7.16 所示。

图 7.14 是 2004—2013 年塘沽、汉沽和大港农民人均纯收入,从图中可以直观地反映出近十年随着滨海新区经济的不断发展,农民生活水平不断提高,滨海三区农民人均纯收入呈增长趋势。

图 7.15 是 2004—2013 年塘沽、汉沽和大港城镇居民人均可支配收入,从图中可以直观地反映出近十年,随着经济的增长,天津滨海三区城镇居民人均可支配收入也呈增长趋势;三区中,塘沽区城镇居民人均可支配收入最高,大港次之,汉沽最少。

图 7.16 是 2004—2013 年塘沽、汉沽和大港恩格尔系数,从图中可以直观地反映出近十年,天津滨海三区恩格尔系数基本呈平稳态势;三区中,塘沽和大港相对于汉沽区稍好。

7.1.6　环境子系统指标

环境子系统包括了 3 个污染排放指标,即三废处理率指标(工业废水处理率 I_{17}(%)、工业 SO_2 处理率 I_{18}(%)、工业固体废物处理率 I_{19}(%)),1 个近海水质达标率指标 I_{20}(%),7 个海水水质指标(悬浮物 I_{21}(mg/L),化学需氧量 I_{22}(mg/L),无机氮 I_{23}(mg/L),磷酸盐 I_{24}(μg/L),石油类 I_{25}(μg/L),重金属铅 I_{26}(μg/L)和重金属锌 I_{27}(μg/L)),3 个海洋生态指标(叶绿素 I_{28}(mg/m³),浮游植物总量 I_{29}(10^4 个/m³)和浮游动物多样性指数 I_{30}(无量纲)),10 个海洋底质沉积物指标(有机碳 I_{31}(10^{-2}),石油类 I_{32}(10^{-6}),重金属汞 I_{33}(10^{-6}),重金属铜 I_{34}(10^{-6}),重金属铅 I_{35}(10^{-6}),重金属镉 I_{36}(10^{-6}),重金属锌 I_{37}(10^{-6}),砷 I_{38}(10^{-6}),重金属铬 I_{39}(10^{-6})和硫化物 I_{40}(10^{-6}))和 1 个环境空气质量指标(空气质量等级 I_{41}(无量纲)),其中海洋水质、生态和底质沉积物指标取值如图 5.2 和图 5.3 所示,环境空气质量指标见表 5.6 中 2004—2013 年空气质量等级,其余指标的取值与变化趋势如图 7.17 ~ 图 7.20 所示,环境子系统指标无分区域数据,采用三区合一的指标数据。

图 7.17 是 2004—2013 年塘沽、汉沽和大港工业废水处理率,从图中可以直观地反映出近十年,天津滨海新区工业废水处理率较高,自 2008 年至今,已全部达到 100%。

图 7.18 是 2004—2013 年塘沽、汉沽和大港工业 SO_2 处理率,从图中可以直观地

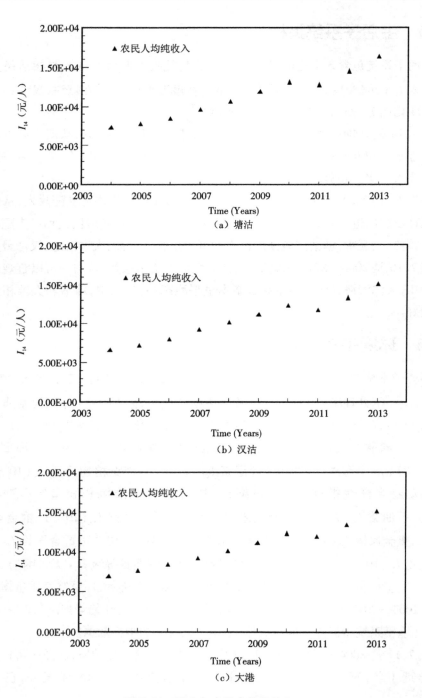

（a）塘沽

（b）汉沽

（c）大港

图7.14　近十年农民人均纯收入

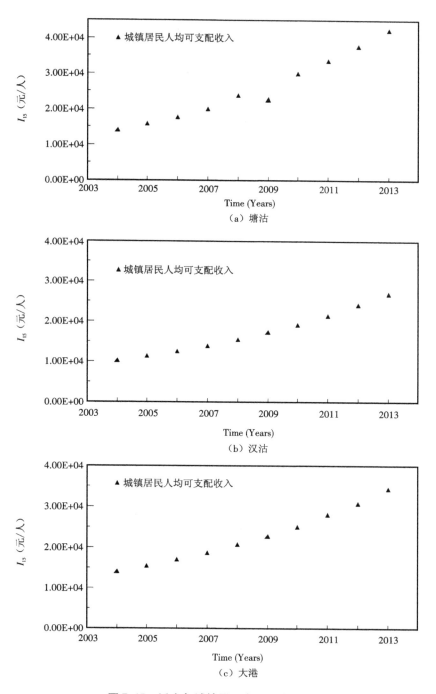

（a）塘沽

（b）汉沽

（c）大港

图 7.15 近十年城镇居民人均可支配收入

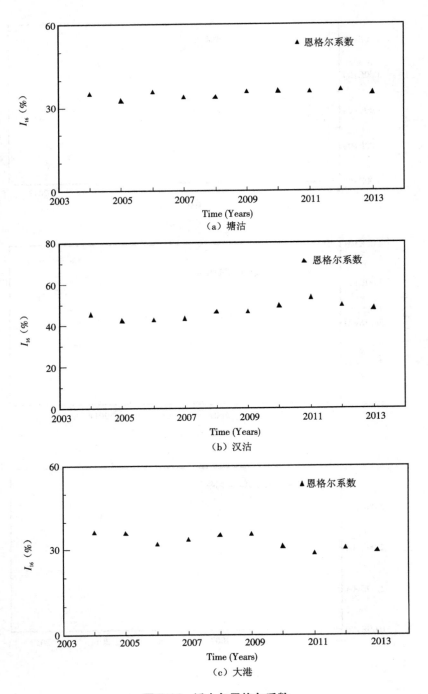

（a）塘沽

（b）汉沽

（c）大港

图7.16　近十年恩格尔系数

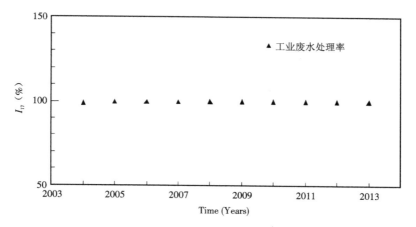

图7.17 近十年工业废水处理率(三区合一)

反映出 2004—2006 年天津滨海新区工业 SO_2 处理率稍低,达 90% 左右;2007 年至今工业 SO_2 处理率已有较大提高,均为 99% 以上。

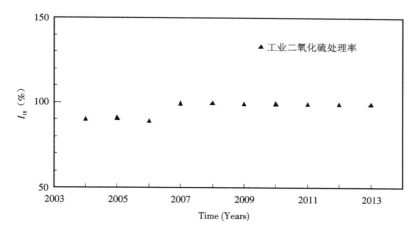

图7.18 近十年工业 SO_2 处理率(三区合一)

图 7.19 是 2004—2013 年塘沽、汉沽和大港工业固体废物处理率,从图中可以直观地反映出近十年,天津滨海新区工业固体废物处理率逐年增加,并于 2013 年达到 100% 处理。

图 7.20 是 2004—2013 年是天津近海水质达标率,从图中可以直观地反映出近十年,天津近岸海域水环境状态很不理想,特别是近年来水质达标率每况愈下,甚至 2012 年仅为 2.8%,近岸海域水环境生态治理已经达到了刻不容缓的地步。

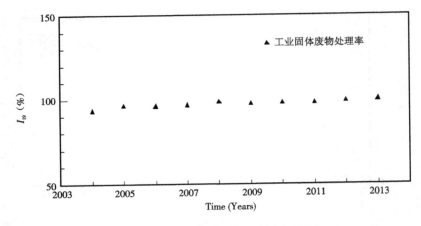

图 7.19　近十年工业固体废物处理率(三区合一)

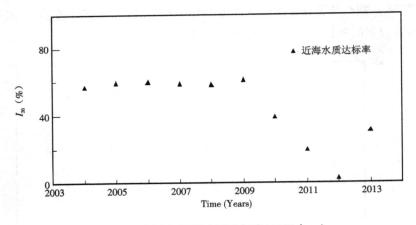

图 7.20　近十年近海水质达标率(三区合一)

7.1.7　评价指标标准

　　评价指标标准是衡量评价对象所处等级属性区间的标尺和准绳。客观性是评价指标标准最重要的属性之一,是评价成功的关键因素,但受人为、地域和时代背景等因素的影响,评价指标标准都或多或少的存在一定的主观性。为保证评价指标标准的相对客观性,一般情况下,评价指标标准均取自于国家、地方和行业等所发布的标准和规范等,或者取自于已公开发表的著作、文献等。

　　天津滨海区域综合承载力系统包含 6 个子系统 41 个评价指标,其中除环境空气质量指标直接采用其所属质量等级外,其余评级指标标准取自于《海水水质标准》《海洋沉积物质量》《近岸海域环境监测规范》和已公开发表的文献资料(邓红霞等,

2006;李凡修等,2003;万晓明,2005),评价指标及相对应的承载力分级标准见表7.1。

表7.1　评价指标及承载力分级标准

评价指标		承载力等级			
		优（Ⅰ）	良（Ⅱ）	中（Ⅲ）	差（Ⅳ）
经济指标	I_1 GDP 年增长率/%	≥15	15~12	12~8	≤8
	I_2 万元 GDP 废水排放量/t	≤2	2~5	5~10	≥10
	I_3 万元 GDPSO$_2$ 排放量/kg	≤1.5	1.5~3	3~5	≥5
	I_4 万元 GDP 固体废物产生量/kg	≤30	30~50	50~70	≥70
人口指标	I_5 人口密度/（人/km^2）	≤250	250~400	400~700	≥700
	I_6 人口自然增长率/‰	≤1	1~5	5~10	≥10
资源指标	I_7 人均土地面积/（亩/人）	≥6	6~4	4~2	≤2
	I_8 人均耕地面积/（亩/人）	≥2.5	2.5~1.5	1.5~1	≤1
	I_9 人均水资源量/（m^3/a）	≥1 700	1 700~1 000	1 000~500	≤500
社会指标	I_{10} 人均 GDP/（元/人）	≥10 000	10 000~5 000	5 000~3 000	≤3 000
	I_{11} 工业总产值占 GDP 比重/%	≥200	200~150	150~100	≤100
	I_{12} 农林牧渔总产值占 GDP 比重/%	≥100	100~60	60~30	≤30
	I_{13} 非农业人口占人口比重/%	≥50	50~25	25~15	≤15
生活指标	I_{14} 农民人均纯收入/（元/人）	≥10 000	10 000~5 000	5 000~2 000	≤2 000
	I_{15} 城镇居民人均可支配收入/（元/人）	≥10 000	10 000~5 000	5 000~2 000	≤2 000
	I_{16} 恩格尔系数/%	≤20	20~50	50~100	≥100

评价指标			承载力等级			
			优（Ⅰ）	良（Ⅱ）	中（Ⅲ）	差（Ⅳ）
环境指标	三废处理	I_{17}工业废水处理率/%	≥100	100～70	70～50	≤50
		I_{18}工业 SO_2 处理率/%	≥100	100～70	70～50	≤50
		I_{19}工业固体废物处理率/%	≥100	100～70	70～50	≤50
	海水水质	I_{20}近海水质达标率/%	≥100	100～70	70～50	≤50
		I_{21}悬浮物/（mg/L）	≤10	10～100	100～150	≥150
		I_{22}化学需氧量/（mg/L）	2	3	4	5
		I_{23}无机氮/（mg/L）	0.2	0.3	0.4	0.5
		I_{24}磷酸盐/（μg/L）	≤15	15～30	30～45	≥45
		I_{25}石油类/（μg/L）	≤50	50～300	300～500	≥500
		I_{26}重金属铅/（μg/L）	1	5	10	50
		I_{27}重金属锌/（μg/L）	20	50	100	500
	海洋生态	I_{28}叶绿素/（mg/m³）	≤2	2～5	5～10	≥10
		I_{29}浮游植物/（10^4个/m³）	≤25	25～50	50～150	≥150
		I_{30}浮游动物多样性（无量纲）	≥3	3～2	2～1	≤1
	海洋底质沉积物	I_{31}有机碳/10^{-2}	≤2	2～3	3～4	≥4
		I_{32}石油类/10^{-6}	≤500	500～1 000	1 000～1 500	≥1 500
		I_{33}重金属汞/10^{-6}	≤0.2	0.2～0.5	0.5～1.0	≥1.0
		I_{34}重金属铜/10^{-6}	≤35	35～100	100～200	≥200
		I_{35}重金属铅/10^{-6}	≤60	60～130	130～250	≥250
		I_{36}重金属镉/10^{-6}	≤0.5	0.5～1.5	1.5～5.0	≥5.0
		I_{37}重金属锌/10^{-6}	≤150	150～350	350～600	≥600
		I_{38}砷/10^{-6}	≤20	20～65	65～93	≥93
		I_{39}重金属铬/10^{-6}	≤80	80～150	150～270	≥270
		I_{40}硫化物/10^{-6}	≤300	300～500	500～600	≥600

表7.1 是天津滨海区域综合承载力系统中 6 个子系统 40 个评价指标的指标标准和以此对应的承载力分级标准，其中指标 I_1～I_8,I_{10}～I_{20}取自于文献资料（邓红霞等,2006）;I_9取自于文献资料（万晓明,2005）;I_{21}～I_{27}取自于《海水水质标准》;I_{28}～I_{29}取自于文献资料（李凡修等,2003）;I_{30}取自于《近岸海域环境监测规范》;I_{31}～I_{40}取自于《海洋沉积物质量》标准。按指标标准数量，承载力等级被划分为 4 个级别，分别是优（Ⅰ）、良（Ⅱ）、中（Ⅲ）和差（Ⅳ）。

7.2　基于非线性隶属函数集对分析的天津滨海区域综合承载力评价

7.2.1　不同指标的非线性隶属函数构成

滨海区域综合承载力系统是由为数众多的子系统所组成的复杂整体,系统中各种关系具有很强的非线性和不确定性。通过非线性隶属函数的引入,可提高集对分析方法的非线性判断能力,即提高评价指标的等级归属程度,为此结合不同指标标准的特点,建立了岭型函数和非线性幂函数两种隶属函数形式。

1. 岭型函数

由表 7.1 的指标分级标准可知,各评价指标具有以下特点:40 个评价指标是 4 级评价;化学需氧量、无机氮、重金属铅和重金属锌(I_{22}、I_{23}、I_{26} 和 I_{27})4 个评价指标具有 4 个评价标准,其余 36 个评价指标具有 3 个评价标准;评价指标 $I_2 \sim I_6$,I_{16},$I_{21} \sim I_{29}$ 和 $I_{31} \sim I_{40}$ 为越小越好,评价指标 I_1,$I_7 \sim I_{15}$,$I_{17} \sim I_{20}$ 和 I_{30} 则为越大越好。

以非线性岭型函数作为隶属函数,结合不同评价指标的特点,建立联系度函数,如式(7.1)～(7.3)所示。

1)对于具有 4 个评价标准,且越小越好的情况

化学需氧量、无机氮、重金属铅和重金属锌(I_{22}、I_{23}、I_{26} 和 I_{27})4 个评价指标属于此类情况($s_1 \leqslant s_2 \leqslant s_3 \leqslant s_4$),其岭型函数形式如式(7.1)和图 7.21 所示。

$$\mu_l = \begin{cases} 1 + 0i_1 + 0i_2 + 0j, x_l \leqslant s_1 \\ \left[\dfrac{1}{2} - \dfrac{1}{2}\sin\dfrac{\pi}{s_2 - s_1}\left(x_l - \dfrac{s_1 + s_2}{2}\right)\right] + \left[\dfrac{1}{2} + \dfrac{1}{2}\sin\dfrac{\pi}{s_2 - s_1}\left(x_l - \dfrac{s_1 + s_2}{2}\right)\right]i_1 + 0i_2 + 0j, \\ \qquad s_1 < x_l < s_2 \\ 0 + \left[\dfrac{1}{2} - \dfrac{1}{2}\sin\dfrac{\pi}{s_3 - s_2}\left(x_l - \dfrac{s_2 + s_3}{2}\right)\right]i_1 + \left[\dfrac{1}{2}\sin\dfrac{\pi}{s_3 - s_2}\left(x_l - \dfrac{s_2 + s_3}{2}\right)\right]i_2 + 0j, \\ \qquad s_2 < x_l \leqslant s_3 \\ 0 + 0i_1 + \left[\dfrac{1}{2} - \dfrac{1}{2}\sin\dfrac{\pi}{s_4 - s_3}\left(x_l - \dfrac{s_3 + s_4}{2}\right)\right]i_2 + \left[\dfrac{1}{2} + \dfrac{1}{2}\sin\dfrac{\pi}{s_4 - s_3}\left(x_l - \dfrac{s_3 + s_4}{2}\right)\right]j, \\ \qquad s_3 < x_l \leqslant s_4 \\ 0 + 0i_1 + 0i_2 + 1j, x_l > s_4 \end{cases}$$

$$(7.1)$$

其中,x_l 为评价指标;s_1,s_2,s_3,s_4 分别为评价指标 x_l 的 4 个评价标准等级。

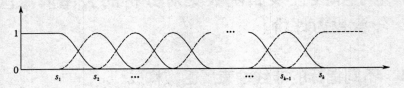

图 7.21　具有 4 个标准的指标联系度函数示意图

图 7.21 是具有 4 个评价标准且越小越好的化学需氧量、无机氮、重金属铅和重金属锌(I_{22}、I_{23}、I_{26} 和 I_{27})4 个评价指标的联系度函数示意图,图中实线部分表示化学需氧量、无机氮、重金属铅和重金属锌,虚线部分表示具有 4 个评价标准且越大越好的评价指标(天津滨海区域综合承载力评价指标体系中不含此种类型的指标)。

2)对于具有 3 个评价标准,且越小越好的情况

评价指标 $I_2 \sim I_6$,I_{16},I_{21},I_{24},I_{25},I_{28},I_{29} 和 $I_{31} \sim I_{40}$ 属于此类情况($s_1 \leqslant s_2 \leqslant s_3$),其岭型函数形式如式(7.2)和图 7.22 所示。

$$\mu_l = \begin{cases} 1 + 0i_1 + 0i_2 + 0j, x_l \leqslant s_1 \\ \left[\dfrac{1}{2} - \dfrac{1}{2}\sin\dfrac{2\pi}{s_2 - s_1}\left(x_l - \dfrac{3s_1 + s_2}{4}\right)\right] + \left[\dfrac{1}{2} + \dfrac{1}{2}\sin\dfrac{2\pi}{s_2 - s_1}\left(x_l - \dfrac{3s_1 + s_2}{4}\right)\right]i_1 + 0i_2 + 0j, \\ \qquad s_1 < x_l \leqslant \dfrac{s_1 + s_2}{2} \\ 0 + \left[\dfrac{1}{2} - \dfrac{1}{2}\sin\dfrac{2\pi}{s_3 - s_1}\left(x_l - \dfrac{s_1 + 2s_2 + s_3}{4}\right)\right]i_1 + \\ \qquad \left[\dfrac{1}{2} + \dfrac{1}{2}\sin\dfrac{2\pi}{s_3 - s_1}\left(x_l - \dfrac{s_1 + 2s_2 + s_3}{4}\right)\right]i_2 + 0j, \dfrac{s_1 + s_2}{2} < x_l \leqslant \dfrac{s_2 + s_3}{2} \\ 0 + 0i_1 + \left[\dfrac{1}{2} - \dfrac{1}{2}\sin\dfrac{2\pi}{s_3 - s_2}\left(x_l - \dfrac{s_2 + 3s_3}{4}\right)\right]i_2 + \\ \qquad \left[\dfrac{1}{2} + \dfrac{1}{2}\sin\dfrac{2\pi}{s_3 - s_2}\left(x_l - \dfrac{s_2 + 3s_3}{4}\right)\right]j, \dfrac{s_2 + s_3}{2} < x_l \leqslant s_3 \\ 0 + 0i_1 + 0i_2 + 1j, x_l > s_3 \end{cases}$$

$$(7.2)$$

3)对于具有 3 个评价标准,且越大越好的情况

评价指标 I_1,$I_7 \sim I_{15}$,$I_{17} \sim I_{20}$ 和 I_{30} 属于此类情况($s_1 \geqslant s_2 \geqslant s_3$),其岭型函数形式如式(7.3)和图 7.22 所示。

$$\mu_l = \begin{cases} 1 + 0i_1 + 0i_2 + 0j, x_l \geqslant s_1 \\[2mm] \left[\dfrac{1}{2} + \dfrac{1}{2}\sin\dfrac{2\pi}{s_1 - s_2}\left(x_l - \dfrac{3s_1 + s_2}{4}\right)\right] + \left[\dfrac{1}{2} - \dfrac{1}{2}\sin\dfrac{2\pi}{s_1 - s_2}\left(x_l - \dfrac{3s_1 + s_2}{4}\right)\right]i_1 \\[2mm] \qquad + 0i_2 + 0j, s_1 > x_l \geqslant \dfrac{s_1 + s_2}{2} \\[2mm] 0 + \left[\dfrac{1}{2} + \dfrac{1}{2}\sin\dfrac{2\pi}{s_1 - s_3}\left(x_l - \dfrac{s_1 + 2s_2 + s_3}{4}\right)\right]i_1 + \\[2mm] \qquad \left[\dfrac{1}{2} - \dfrac{1}{2}\sin\dfrac{2\pi}{s_1 - s_3}\left(x_l - \dfrac{s_1 + 2s_2 + s_3}{4}\right)\right]i_2 + 0j, \dfrac{s_1 + s_2}{2} > x_l \geqslant \dfrac{s_2 + s_3}{2} \\[2mm] 0 + 0i_1 + \left[\dfrac{1}{2} + \dfrac{1}{2}\sin\dfrac{2\pi}{s_2 - s_3}\left(x_l - \dfrac{s_2 + 3s_3}{4}\right)\right]i_2 + \\[2mm] \qquad \left[\dfrac{1}{2} - \dfrac{1}{2}\sin\dfrac{2\pi}{s_2 - s_3}\left(x_l - \dfrac{s_2 + 3s_3}{4}\right)\right]j, \dfrac{s_2 + s_3}{2} > x_l \geqslant s_3 \\[2mm] 0 + 0i_1 + 0i_2 + 1j, x_l < s_3 \end{cases} \qquad (7.3)$$

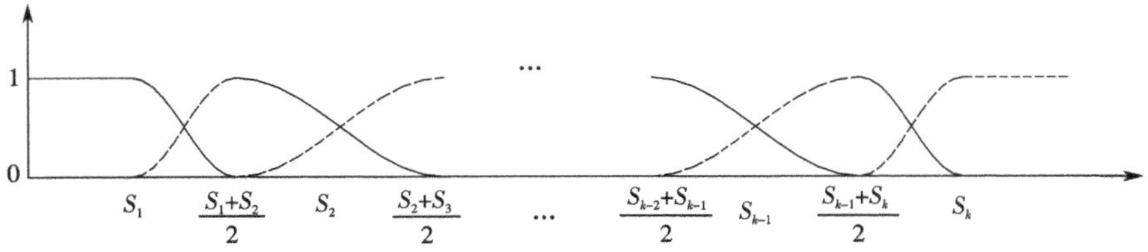

图 7.22 具有 3 个标准的指标联系度函数示意

图 7.22 是具有 3 个评价标准的指标联系度函数示意图,图中实线部分表示评价指标 $I_2 \sim I_6$,I_{16},I_{21},I_{24},I_{25},I_{28},I_{29} 和 $I_{31} \sim I_{40}$,即越小越好的情况;虚线部分表示评价指标 I_1,$I_7 \sim I_{15}$,$I_{17} \sim I_{20}$ 和 I_{30},即越大越好的情况。

2. 非线性幂函数

以非线性幂函数作为隶属函数,结合不同评价指标的特点,建立联系度函数,如式(7.4)~(7.6)所示。

1)对于具有 4 个评价标准,且越小越好的情况

化学需氧量、无机氮、重金属铅和重金属锌(I_{22}、I_{23}、I_{26} 和 I_{27})4 个评价指标属于此类情况($s_1 \leqslant s_2 \leqslant s_3 \leqslant s_4$),其非线性幂函数形式如式(7.4)和图 7.23 所示。

$$
\mu_l = \begin{cases}
1 + 0i_1 + 0i_2 + 0j, x_l \leqslant s_1 \\[2mm]
\left[1 - \dfrac{2}{(s_2 - s_1)^2}(x_l - s_1)^2\right] + \left[\dfrac{2}{(s_2 - s_1)^2}(x_l - s_1)^2\right]i_1 + 0i_2 + 0j, s_1 < x_l \leqslant \dfrac{s_1 + s_2}{2} \\[3mm]
\left[\dfrac{2}{(s_2 - s_1)^2}(x_l - s_2)^2\right] + \left[1 - \dfrac{2}{(s_2 - s_1)^2}(x_l - s_2)^2\right]i_1 + 0i_2 + 0j, \dfrac{s_1 + s_2}{2} < x_l \leqslant s_2 \\[3mm]
0 + \left[1 - \dfrac{2}{(s_3 - s_2)^2}(x_l - s_2)^2\right]i_1 + \left[\dfrac{2}{(s_3 - s_2)^2}(x_l - s_2)^2\right]i_2 + 0j, s_2 < x_l \leqslant \dfrac{s_2 + s_3}{2} \\[3mm]
0 + \left[\dfrac{2}{(s_3 - s_2)^2}(x_l - s_3)^2\right]i_1 + \left[1 - \dfrac{2}{(s_3 - s_2)^2}(x_l - s_3)^2\right]i_2 + 0j, \dfrac{s_2 + s_3}{2} < x_l \leqslant s_3 \\[3mm]
0 + 0i_1 + \left[1 - \dfrac{2}{(s_4 - s_3)^2}(x_l - s_3)^2\right]i_2 + \left[\dfrac{2}{(s_4 - s_3)^2}(x_l - s_3)^2\right]j, s_3 < x_l \leqslant \dfrac{s_3 + s_4}{2} \\[3mm]
0 + 0i_1 + \left[\dfrac{2}{(s_4 - s_3)^2}(x_l - s_4)^2\right]i_2 + \left[1 - \dfrac{2}{(s_4 - s_3)^2}(x_l - s_4)^2\right]j, \dfrac{s_3 + s_4}{2} < x_l \leqslant s_4 \\[3mm]
0 + 0i_1 + 0i_2 + 1j, x_l > s_4
\end{cases}
$$

$$(7.4)$$

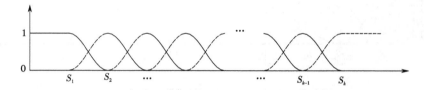

图 7.23　具有 4 个标准的指标联系度函数示意

　　图 7.23 是具有 4 个评价标准且越小越好的化学需氧量、无机氮、重金属铅和重金属锌(I_{22}、I_{23}、I_{26} 和 I_{27})4 个评价指标的联系度函数示意图,图中实线部分表示化学需氧量、无机氮、重金属铅和重金属锌,虚线部分表示具有 4 个评价标准且越大越好的评价指标(天津滨海区域综合承载力评价指标体系中不含此种类型的指标)。

　　2)对于具有 3 个评价标准,且越小越好的情况

　　评价指标 $I_2 \sim I_6$,I_{16},I_{21},I_{24},I_{25},I_{28},I_{29} 和 $I_{31} \sim I_{40}$ 属于此类情况($s_1 \leqslant s_2 \leqslant s_3$),其非线性幂函数形式如式(7.5)和图 7.24 所示。

$$
\mu_l = \begin{cases}
1 + 0i_1 + 0i_2 + 0j, \quad x_l \leqslant s_1 \\[2mm]
\left[1 - \dfrac{8}{(s_2 - s_1)^2}(x_l - s_1)^2 \right] + \left[\dfrac{8}{(s_2 - s_1)^2}(x_l - s_1)^2 \right]i_1 + 0i_2 + 0j, \, s_1 < x_l \leqslant \dfrac{3s_1 + s_2}{4} \\[4mm]
\left[\dfrac{8}{(s_2 - s_1)^2}\left(x_l - \dfrac{s_1 + s_2}{2}\right)^2 \right] + \left[1 - \dfrac{8}{(s_2 - s_1)^2}\left(x_l - \dfrac{s_1 + s_2}{2}\right)^2 \right]i_1 + 0i_2 + 0j, \\[2mm]
\qquad\qquad \dfrac{3s_1 + s_2}{4} < x_l \leqslant \dfrac{s_1 + s_2}{2} \\[4mm]
0 + \left[1 - \dfrac{8}{(s_3 - s_1)^2}\left(x_l - \dfrac{s_1 + s_2}{2}\right)^2 \right]i_1 + \left[\dfrac{8}{(s_3 - s_1)^2}\left(x_l - \dfrac{s_1 + s_2}{2}\right)^2 \right]i_2 + 0j, \\[2mm]
\qquad\qquad \dfrac{s_1 + s_2}{2} < x_l \leqslant \dfrac{s_1 + 2s_2 + s_3}{4} \\[4mm]
0 + \left[\dfrac{8}{(s_3 - s_1)^2}\left(x_l - \dfrac{s_2 + s_3}{2}\right)^2 \right]i_1 + \left[1 - \dfrac{8}{(s_3 - s_1)^2}\left(x_l - \dfrac{s_2 + s_3}{2}\right)^2 \right]i_2 + 0j, \\[2mm]
\qquad\qquad \dfrac{s_1 + 2s_2 + s_3}{4} < x_l \leqslant \dfrac{s_2 + s_3}{2} \\[4mm]
0 + 0i_1 + \left[1 - \dfrac{8}{(s_3 - s_2)^2}\left(x_l - \dfrac{s_2 + s_3}{2}\right)^2 \right]i_2 + \left[\dfrac{8}{(s_3 - s_2)^2}\left(x_l - \dfrac{s_2 + s_3}{2}\right)^2 \right]j, \\[2mm]
\qquad\qquad \dfrac{s_2 + s_3}{2} < x_l \leqslant \dfrac{s_2 + 3s_3}{4} \\[4mm]
0 + 0i_1 + \left[\dfrac{8}{(s_3 - s_2)^2}(x_l - s_3)^2 \right]i_2 + \left[1 - \dfrac{8}{(s_3 - s_2)^2}(x_l - s_3)^2 \right]j, \\[2mm]
\qquad\qquad \dfrac{s_2 + 3s_3}{4} < x_l \leqslant s_3 \\[4mm]
0 + 0i_1 + 0i_2 + 1j, \quad x_l > s_3
\end{cases}
$$

$$\text{(7.5)}$$

3) 对于具有 3 个评价标准,且越大越好的情况

评价指标 I_1, $I_7 \sim I_{15}$, $I_{17} \sim I_{20}$ 和 I_{30} 属于此类情况($s_1 \geqslant s_2 \geqslant s_3$),其非线性幂函数形式如式(7.6)和图 7.24 所示。

$$
\mu_l = \begin{cases}
1 + 0i_1 + 0i_2 + 0j, & x_l \geqslant s_1 \\[2mm]
\left[1 - \dfrac{8}{(s_2 - s_1)^2}(x_l - s_1)^2\right] + \left[\dfrac{8}{(s_2 - s_1)^2}(x_l - s_1)^2\right]i_1 + 0i_2 + 0j, & s_1 > x_l \geqslant \dfrac{3s_1 + s_2}{4} \\[3mm]
\left[\dfrac{8}{(s_2 - s_1)^2}\left(x_l - \dfrac{s_1 + s_2}{2}\right)^2\right] + \left[1 - \dfrac{8}{(s_2 - s_1)^2}\left(x_l - \dfrac{s_1 + s_2}{2}\right)^2\right]i_1 + 0i_2 + 0j, & \\[3mm]
\qquad \dfrac{3s_1 + s_2}{4} > x_l \geqslant \dfrac{s_1 + s_2}{2} & \\[3mm]
0 + \left[1 - \dfrac{8}{(s_3 - s_1)^2}\left(x_l - \dfrac{s_1 + s_2}{2}\right)^2\right]i_1 + \left[\dfrac{8}{(s_3 - s_1)^2}\left(x_l - \dfrac{s_1 + s_2}{2}\right)^2\right]i_2 + 0j, & \\[3mm]
\qquad \dfrac{s_1 + s_2}{2} > x_l \geqslant \dfrac{s_1 + 2s_2 + s_3}{4} & \\[3mm]
0 + \left[\dfrac{8}{(s_3 - s_1)^2}\left(x_l - \dfrac{s_2 + s_3}{2}\right)^2\right]i_1 + \left[1 - \dfrac{8}{(s_3 - s_1)^2}\left(x_l - \dfrac{s_2 + s_3}{2}\right)^2\right]i_2 + 0j, & \\[3mm]
\qquad \dfrac{s_1 + 2s_2 + s_3}{4} > x_l \geqslant \dfrac{s_2 + s_3}{2} & \\[3mm]
0 + 0i_1 + \left[1 - \dfrac{8}{(s_3 - s_2)^2}\left(x_l - \dfrac{s_2 + s_3}{2}\right)^2\right]i_2 + \left[\dfrac{8}{(s_3 - s_2)^2}\left(x_l - \dfrac{s_2 + s_3}{2}\right)^2\right]j, & \\[3mm]
\qquad \dfrac{s_2 + s_3}{2} > x_l \geqslant \dfrac{s_2 + 3s_3}{4} & \\[3mm]
0 + 0i_1 + \left[\dfrac{8}{(s_3 - s_2)^2}(x_l - s_3)^2\right]i_2 + \left[1 - \dfrac{8}{(s_3 - s_2)^2}(x_l - s_3)^2\right]j, & \\[3mm]
\qquad \dfrac{s_2 + 3s_3}{4} > x_l \geqslant s_3 & \\[3mm]
0 + 0i_1 + 0i_2 + 1j, & x_l < s_3
\end{cases}
$$

$$(7.6)$$

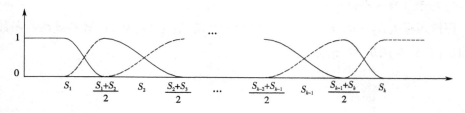

图 7.24　具有 3 个标准的指标联系度函数示意

图 7.24 是具有 3 个评价标准的指标联系度函数示意图,图中实线部分表示评价

指标 $I_2 \sim I_6$, I_{16}, I_{21}, I_{24}, I_{25}, I_{28}, I_{29} 和 $I_{31} \sim I_{40}$, 即越小越好的情况; 虚线部分表示评价指标 I_1, $I_7 \sim I_{15}$, $I_{17} \sim I_{20}$ 和 I_{30}, 即越大越好的情况。

7.2.2　天津滨海区域综合承载力评价结果

以 2004 年塘沽的经济子系统评价为例, 应用客观法确定指标权重见表 7.2。

表 7.2　评价指标权重

评价指标	评价样本(K_i)	评价标准平均值(S_i)	评价指标权重向量(W_i)	评价指标权重(A_i)
I_1	21.914 4	11.666 7	1.878 372	0.368 689
I_2	3.255 081	5.666 7	0.574 423	0.112 748
I_3	1.133 086	3.166 7	0.357 813	0.070 232
I_4	114.206 4	50	2.284 128	0.448 331

注: $W_i = \dfrac{K_i}{S_i}$, $A_i = \dfrac{W_i}{\sum\limits_{i=1}^{4} W_i}$, i 代表评价指标且 $i = 1, \cdots, 4$

根据不同的指标, 从式(7.1) ~ (7.3)中选择相应的公式, 计算得到联系度矩阵见表 7.3。

表 7.3　评价指标联系度

样本	塘沽			
联系度	a	b_1	b_2	c
$I_1(\mu_1)$	1	0	0	0
$I_2(\mu_2)$	0.064 4	0.935 6	0	0
$I_3(\mu_3)$	1	0	0	0
$I_4(\mu_4)$	0	0	0	1
μ	$\mu(a)$0.446 2	$\mu(b_1)$0.105 5	$\mu(b_2)$0.000 0	$\mu(c)$0.448 3

最后, 根据置信度准则, 在 $\lambda = 0.6$ 的置信条件下, 塘沽 2004 年经济子系统为 IV 级。

将天津滨海区域综合承载力评价指标和指标标准引入到非线性隶属函数集对分析的多子系统评价方法过程中, 采用同样的方法评价其他子系统指标联系度, 并按照式(3.21)和(3.22)计算, 在 $\lambda = 0.6$ 的置信条件下, 评价近十年里天津滨海区域各子系统、各子区域和综合承载力，承载力等级见表 7.4。

从图 7.21 和图 7.23 以及图 7.22 和图 7.24 对比可见岭型函数和非线性幂函数的函数图形极其相似，通过实例分析也验证了两种函数形式在隶属度判别上不存在较大差异(李明昌等，2010；李明昌等，2011)，因此评价结果中不在单独进行表述和分析。

表 7.4　承载力评价结果(非线性集对分析方法)

年度/年	系统	承载力等级		
		塘沽	汉沽	大港
2004	经济	IV	IV	IV
	人口	III	II	III
	资源	IV	IV	IV
	社会	I	I	I
	生活	II	II	II
	环境	II	II	II
	子区域	III	II	II
	综合	II		
2005	经济	I	IV	IV
	人口	III	II	III
	资源	IV	IV	IV
	社会	I	I	I
	生活	I	II	II
	环境	III	III	III
	子区域	III	II	II
	综合	II		
2006	经济	IV	IV	IV
	人口	III	II	III
	资源	IV	IV	IV
	社会	I	I	I
	生活	I	II	I
	环境	IV	IV	IV
	子区域	III	III	III
	综合	III		

续表

年度/年	系统	承载力等级		
		塘沽	汉沽	大港
2007	经济	IV	IV	IV
	人口	III	II	III
	资源	IV	IV	IV
	社会	I	I	I
	生活	I	II	I
	环境	IV	IV	IV
	子区域	III	III	III
	综合	III		
2008	经济	IV	IV	IV
	人口	III	II	III
	资源	IV	IV	IV
	社会	I	I	I
	生活	I	I	I
	环境	IV	IV	IV
	子区域	III	III	III
	综合	III		
2009	经济	IV	IV	IV
	人口	III	III	III
	资源	IV	IV	IV
	社会	I	I	I
	生活	I	I	I
	环境	IV	IV	IV
	子区域	III	III	III
	综合	III		
2010	经济	IV	IV	IV
	人口	III	III	II
	资源	IV	IV	IV
	社会	I	I	I
	生活	I	I	I
	环境	IV	IV	IV
	子区域	III	III	III
	综合	III		

年度/年	系统	承载力等级		
		塘沽	汉沽	大港
2011	经济	IV	IV	IV
	人口	III	III	III
	资源	IV	IV	IV
	社会	I	I	I
	生活	I	I	I
	环境	IV	IV	IV
	子区域	III	III	III
	综合	III		
2012	经济	IV	IV	IV
	人口	III	III	III
	资源	IV	IV	IV
	社会	I	I	I
	生活	I	I	I
	环境	IV	IV	IV
	子区域	III	III	III
	综合	III		
2013	经济	IV	III	III
	人口	III	III	III
	资源	IV	IV	IV
	社会	I	I	I
	生活	I	I	I
	环境	IV	IV	IV
	子区域	III	III	III
	综合	III		

7.3　基于云理论的天津滨海区域综合承载力评价

采用云理论模型方法评价天津滨海区域综合承载力,方法过程如 3.3 节所示。综合承载力系统中包含资源、环境、经济和社会等多个子系统,其指标标准分级并不完全一致,因此研究中应选择指标等级数量最大者作为整个评价系统的分级数,但却又导致指标等级数量小者缺少标准上或下限,因此采用选取待评价指标实测最大或最小值的处理方式来作为指标上、下限,这既可以避免人为设定的主观影响,又能保证隶属空间的合理性,由此重新构建评价指标标准集见表7.5。

表7.5 评价指标标准集

评价指标	承载力等级			
	优(Ⅰ)	良(Ⅱ)	中(Ⅲ)	差(Ⅳ)
I_1	Max[1] ~ 15	15 ~ 12	12 ~ 8	8 ~ 0
I_2	0 ~ 2	2 ~ 5	5 ~ 10	10 ~ Max[2]
I_3	0 ~ 1.5	1.5 ~ 3	3 ~ 5	5 ~ Max[3]
I_4	0 ~ 30	30 ~ 50	50 ~ 70	70 ~ Max[4]
I_5	0 ~ 250	250 ~ 400	400 ~ 700	700 ~ Max[5]
I_6	0 ~ 1	1 ~ 5	5 ~ 10	10 ~ Max[6]
I_7	Max[7] ~ 6	6 ~ 4	4 ~ 2	2 ~ 0
I_8	Max[8] ~ 2.5	2.5 ~ 1.5	1.5 ~ 1	1 ~ 0
I_9	Max[9] ~ 1 700	1 700 ~ 1 000	1 000 ~ 500	500 ~ 0
I_{10}	Max[10] ~ 10 000	10 000 ~ 5 000	5 000 ~ 3 000	3 000 ~ 0
I_{11}	Max[11] ~ 200	200 ~ 150	150 ~ 100	100 ~ 0
I_{12}	Max[12] ~ 100	100 ~ 60	60 ~ 30	30 ~ 0
I_{13}	Max[13] ~ 50	50 ~ 25	25 ~ 15	15 ~ 0
I_{14}	Max[14] ~ 10 000	10 000 ~ 5 000	5 000 ~ 2 000	2 000 ~ 0
I_{15}	Max[15] ~ 10 000	10 000 ~ 5 000	5 000 ~ 2 000	2 000 ~ 0
I_{16}	0 ~ 20	20 ~ 50	50 ~ 100	100 ~ Max[16]
I_{17}	100 ~ 99	99 ~ 70	70 ~ 50	50 ~ 0
I_{18}	100 ~ 99	99 ~ 70	70 ~ 50	50 ~ 0
I_{19}	100 ~ 99	99 ~ 70	70 ~ 50	50 ~ 0
I_{20}	100 ~ 99	99 ~ 70	70 ~ 50	50 ~ 0
I_{21}	0 ~ 10	10 ~ 100	100 ~ 150	150 ~ Max[21]
I_{22}	0 ~ 2	2 ~ 3	3 ~ 4	4 ~ 5
I_{23}	0 ~ 0.2	0.2 ~ 0.3	0.3 ~ 0.4	0.4 ~ 0.5
I_{24}	0 ~ 15	15 ~ 30	30 ~ 45	45 ~ Max[24]
I_{25}	0 ~ 50	50 ~ 300	300 ~ 500	500 ~ Max[25]
I_{26}	0 ~ 1	1 ~ 5	5 ~ 10	10 ~ 50
I_{27}	0 ~ 20	20 ~ 50	50 ~ 100	100 ~ 500

评价指标	承载力等级			
	优（Ⅰ）	良（Ⅱ）	中（Ⅲ）	差（Ⅳ）
I_{28}	0～2	2～5	5～10	10～Max^{28}
I_{29}	0～25	25～50	50～150	150～Max^{29}
I_{30}	Max^{30}～3	3～2	2～1	1～0
I_{31}	0～2	2～3	3～4	4～Max^{31}
I_{32}	0～500	500～1 000	1 000～1 500	1 500～Max^{32}
I_{33}	0～0.2	0.2～0.5	0.5～1.0	1.0～Max^{33}
I_{34}	0～35	35～100	100～200	200～Max^{34}
I_{35}	0～60	60～130	130～250	250～Max^{35}
I_{36}	0～0.5	0.5～1.5	1.5～5.0	5.0～Max^{36}
I_{37}	0～150	150～350	350～600	600～Max^{37}
I_{38}	0～20	20～65	65～93	93～Max^{38}
I_{39}	0～80	80～150	150～270	270～Max^{39}
I_{40}	0～300	300～500	500～600	600～Max^{40}

注：表中 Max^1～Max^{16}，Max^{21}，Max^{24}，Max^{25}，Max^{28}～Max^{40}不能直接获得，采用选取待评价指标实测最大值的处理方式。

　　将天津滨海区域综合承载力评价指标引入云理论综合评价方法过程，评价近十年里天津滨海区域各子系统、各子区域和综合承载力，承载力等级见表7.6。

表7.6　承载力评价结果（云理论方法）

年度/年	系统	承载力等级		
		塘沽	汉沽	大港
2004	经济	Ⅳ	Ⅳ	Ⅳ
	人口	Ⅲ	Ⅱ	Ⅲ
	资源	Ⅳ	Ⅳ	Ⅳ
	社会	Ⅰ	Ⅰ	Ⅰ
	生活	Ⅱ	Ⅱ	Ⅱ
	环境	Ⅱ	Ⅱ	Ⅱ
	子区域	Ⅲ	Ⅱ	Ⅱ
	综合		Ⅱ	

年度/年	系统	承载力等级		
		塘沽	汉沽	大港
2005	经济	I	IV	IV
	人口	III	II	III
	资源	IV	IV	IV
	社会	I	I	I
	生活	I	II	II
	环境	III	III	III
	子区域	III	II	II
	综合	II		
2006	经济	IV	IV	IV
	人口	III	II	III
	资源	IV	IV	IV
	社会	I	I	I
	生活	I	II	I
	环境	IV	IV	IV
	子区域	III	III	III
	综合	III		
2007	经济	IV	IV	IV
	人口	III	II	III
	资源	IV	IV	IV
	社会	I	I	I
	生活	I	II	I
	环境	IV	IV	IV
	子区域	III	III	III
	综合	III		
2008	经济	IV	IV	IV
	人口	III	II	III
	资源	IV	IV	IV
	社会	I	I	I
	生活	I	I	I
	环境	IV	IV	IV
	子区域	III	III	III
	综合	III		

年度/年	系统	承载力等级		
		塘沽	汉沽	大港
2009	经济	IV	IV	IV
	人口	III	III	III
	资源	IV	IV	IV
	社会	I	I	I
	生活	I	I	I
	环境	IV	IV	IV
	子区域	III	III	III
	综合	III		
2010	经济	IV	IV	IV
	人口	III	III	II
	资源	IV	IV	IV
	社会	I	I	I
	生活	I	I	I
	环境	IV	IV	IV
	子区域	III	III	III
	综合	III		
2011	经济	IV	IV	IV
	人口	III	III	III
	资源	IV	IV	IV
	社会	I	I	I
	生活	I	I	I
	环境	IV	IV	IV
	子区域	III	III	III
	综合	III		
2012	经济	IV	IV	IV
	人口	III	III	III
	资源	IV	IV	IV
	社会	I	I	I
	生活	I	I	I
	环境	IV	IV	IV
	子区域	III	III	III
	综合	III		

年度/年	系统	承载力等级		
		塘沽	汉沽	大港
2013	经济	Ⅳ	Ⅲ	Ⅲ
	人口	Ⅲ	Ⅲ	Ⅲ
	资源	Ⅳ	Ⅳ	Ⅳ
	社会	Ⅰ	Ⅰ	Ⅰ
	生活	Ⅰ	Ⅰ	Ⅰ
	环境	Ⅳ	Ⅳ	Ⅳ
	子区域	Ⅲ	Ⅲ	Ⅲ
	综合	Ⅲ		

7.4 基于云理论与集对分析相耦合的天津滨海区域综合承载力评价

将天津滨海区域综合承载力评价指标引入到云理论与集对分析耦合评价方法过程中,评价近十年里天津滨海区域各子系统、各子区域和综合承载力,承载力等级见表7.7。

表 7.7 承载力评价结果(云理论与集对分析耦合方法)

年度/年	系统	承载力等级		
		塘沽	汉沽	大港
2004	经济	Ⅳ	Ⅳ	Ⅳ
	人口	Ⅲ	Ⅱ	Ⅲ
	资源	Ⅳ	Ⅳ	Ⅳ
	社会	Ⅰ	Ⅰ	Ⅰ
	生活	Ⅱ	Ⅱ	Ⅱ
	环境	Ⅱ	Ⅱ	Ⅱ
	子区域	Ⅲ	Ⅱ	Ⅱ
	综合	Ⅱ		

续表

年度/年	系统	承载力等级		
		塘沽	汉沽	大港
2005	经济	I	IV	IV
	人口	III	II	III
	资源	IV	IV	IV
	社会	I	I	I
	生活	I	II	II
	环境	III	III	III
	子区域	III	II	II
	综合		II	
2006	经济	IV	IV	IV
	人口	III	II	III
	资源	IV	IV	IV
	社会	I	I	I
	生活	I	II	I
	环境	IV	IV	IV
	子区域	III	III	III
	综合		III	
2007	经济	IV	IV	IV
	人口	III	II	III
	资源	IV	IV	IV
	社会	I	I	I
	生活	I	II	I
	环境	IV	IV	IV
	子区域	III	III	III
	综合		III	
2008	经济	IV	IV	IV
	人口	III	II	III
	资源	IV	IV	IV
	社会	I	I	I
	生活	I	I	I
	环境	IV	IV	IV
	子区域	III	III	III
	综合		III	

续表

年度/年	系统	承载力等级		
		塘沽	汉沽	大港
2009	经济	IV	IV	IV
	人口	III	III	III
	资源	IV	IV	IV
	社会	I	I	I
	生活	I	I	I
	环境	IV	IV	IV
	子区域	III	III	III
	综合	III		
2010	经济	IV	IV	IV
	人口	III	III	II
	资源	IV	IV	IV
	社会	I	I	I
	生活	I	I	I
	环境	IV	IV	IV
	子区域	III	III	III
	综合	III		
2011	经济	IV	IV	IV
	人口	III	III	III
	资源	IV	IV	IV
	社会	I	I	I
	生活	I	I	I
	环境	IV	IV	IV
	子区域	III	III	III
	综合	III		
2012	经济	IV	IV	IV
	人口	III	III	III
	资源	IV	IV	IV
	社会	I	I	I
	生活	I	I	I
	环境	IV	IV	IV
	子区域	III	III	III
	综合	III		

续表

年度/年	系统	承载力等级		
		塘沽	汉沽	大港
2013	经济	IV	III	III
	人口	III	III	III
	资源	IV	IV	IV
	社会	I	I	I
	生活	I	I	I
	环境	IV	IV	IV
	子区域	III	III	III
	综合		III	

7.5　天津滨海区域综合承载力评价结果分析

以非线性集对分析、云理论及其相耦合的评价方法对近十年天津滨海区域综合承载力进行了模拟研究,各子系统、子区域以及滨海区域综合承载力评价结果如表 7.5～表 7.7 所示,从表 7.5～表 7.7 的评价结果可以看出如下方面。

①2004—2013 年天津滨海区域的综合承载力水平不高,并且在评价年份内呈逐年下降的趋势;经济、资源和环境子系统等级最差,是区域承载力最关键的限制因素,人口子系统次之,社会和生活子系统较好;从承载力角度,塘沽、汉沽和大港三个子区域承载水平大致相当。

②2004—2013 年天津滨海区域的综合承载力水平低下的主要原因可以通过各子系统的评价结果予以直观的反应。(1)经济子系统:经济总量很高,发展速度很快,保持着较高的 GDP 增长率(如图 7.1 所示),但区域总体发展模式单一,属于高资源消耗类型,三废产出量很大(如图 7.2～图 7.4 所示)。(2)资源子系统:土地资源,特别是耕地资源匮乏(如图 7.7～图 7.8 所示);水资源极度缺乏(如图 7.9 所示)。(3)环境子系统:水环境质量较差,特别是近岸海域水质生态富营养化现象较为明显(如图 5.2 所示),几乎每年均有大小不一的赤潮灾害发生(见表 5.4);环境空气质量水平较低(表 5.6)。(4)人口子系统:人口总量和人口密度很大,且较为集中(如图 7.5 所示)。

③集对分析方法和云理论模型具有简洁、易操作、高精度和随机性、模糊性的优点,采用非线性隶属函数集对、云理论及其两者相耦合的三种评价方法评价结果是一

致的。非线性隶属函数可提高评价指标的等级归属度,保证评价结果合理可靠;选取待评价指标实测最大或最小值的处理方式及归一化的隶属度确定方法,既满足了指标隶属空间的合理性,又能保证随机性和模糊性得以充分体现。

④多子系统相耦合的综合评价模式不仅仅能及时发现综合承载力的制约因子,为区域发展和管理提供最有效的科学依据;以系统的思想为指导所研究的区域综合承载力则更具科学性和客观性,更能真实地反映出研究区域实际状况。特别是研究中环境受体指标的引入可以避免因仅考虑排污指标而导致评价结果失真(李健等,2014)。若区域是一个有血有肉的有机体,那么抛开环境受体的感受、反映和表现来谈承载力,特别是环境承载力的话,则是片面的。污染物排放量、排放达标率远远不能取代环境受体(水、空气)的表现,其根本原因在于:环境污染本底较大,近年来虽然随着节能减排工作的持续推进,污染物排放达标率逐渐转好,但环境质量的改变则是相对较为缓慢的长周期过程,因此不能只简单地考虑排污状况而忽略环境质量状况;本区域排污量、排污达标率等的改变,并不能全面反映进入区域内部污染物的总量和质量。无论是水环境,还是大气环境,除了接纳本区域的污染物质外,还要受到周边相邻近区域的影响,因此只有考虑了环境受体的表现才能不忽略这一复杂的非线性关系,使得评价工作更加合理可靠。

7.6 天津滨海区域可持续发展状况分析

承载力是衡量区域能否可持续发展的一个重要判据。天津滨海区域2004—2013年综合承载力状况显示,区域总体承载力状况不容乐观,现有模式的可持续发展能力受到一定程度的限制。高投入高产出的粗放型经济发展模式对于推动区域经济社会高速发展起到了至关重要的作用,但截至目前这一发展模式已不可持续,越来越多的环境生态问题已逐步显现,产业结构调整与经济转型迫在眉睫。水资源严重缺乏是困扰天津滨海区域可持续发展的又一难题,在"引滦入津"和"南水北调"工程的基础上,应积极寻求多种辅助方案,如雨水利用、海水淡化等,加大相关领域研究的支撑与投入。污染的多种累积效应已对生态环境造成了巨大的破坏,而其自我调节、自我修复的过程又相对较为缓慢,因此应继续加大区域节能减排、生态环境治理与修复力度,同时应高度关注区域间的联动效应,建立健全响应机制和应对手段。

从系统论角度出发,天津滨海区域与周边区域也是相互依存、相互影响、相互促进的有机整体,区域间合理的功能定位与协调的发展模式是推动整个环渤海湾经济区可持续发展的巨大动力。

8 滨海区域综合承载力评价预测方法引申与工程应用

海洋生态环境系统是一个充满了不确定性的有机整体,一旦其中某一因子受外力影响发生较大扰动时,则会导致其他因子的间接变化,从而致使整个系统失衡。近年来,随着我国国民经济的高速发展,围填海方式的港口码头等重大涉海工程不断涌现,这不仅直接改变了海域水动力特性,破坏了海岸与海底的自然平衡状态,还造成了原有的海岸滩涂湿地净化水质功能的丧失,给近岸海域的水生态环境带来了不容忽视的影响。截至目前,针对涉海工程建设环境影响研究多采用单一因素的预测分析方法(杨顺良等,2008),缺乏系统性的综合评价分析与结论。由此,以承载力为基础,开展涉海工程建设影响分析研究,对于科学评价海洋工程开发建设的可行性,维护区域经济发展与海洋生态环境相协调具有重大意义,并能为管理部门提供决策的手段和依据。

8.1 涉海工程建设多模型预测性综合承载力评价方法与过程

8.1.1 涉海工程建设多模型预测性综合承载力评价方法

涉海工程建设,特别是围填海工程,永久地改变了工程海域的潮流水动力特性、水交换能力和泥沙冲淤特性,产生了大量的施工悬浮物,造成了工程海域生物损失等,这些因素是衡量涉海工程建设可行与否的关键因子。为此,建立涉海工程建设多模型预测性综合承载力评价方法,其基本思想是以单指标预测的综合承载力评价预测方法为核心,以潮流水动力、水交换、悬浮物扩散和泥沙等多个数学模型数值模拟以及生物量损失核算公式计算为依据,以承载力综合评价方法为手段,将工程建设前后水动力改变量、水交换改变率、泥沙冲淤,生态损失等关键因子作为评价指标,科学评价涉海工程建设对工程海域的综合影响,并以承载力的形式给出最终结论。

8.1.2 涉海工程建设多模型预测性综合承载力评价过程

涉海工程建设多模型预测性综合承载力评价方法过程示意,如图8.1所示,其中包含两个模块:多模型数值模拟模块和综合承载力评价模块。多模型数值模拟模块通过水动力、水交换、悬浮物扩散和泥沙等多个数学模型数值模拟以及生物量损失核算公式计算,获得水动力条件改变量、水交换能力变换率、泥沙冲淤量和水生态变化率等多个评价指标预测值,将其带入到综合承载力评价模块,开展涉海工程建设的综合承载力评价研究。综合承载力评价模块以基于云理论的综合评价方法为例,首先将指标分级标准构建成为评价指标标准集,通过数学期望、熵和超熵的计算,构成级别概念集,再结合评价指标数学模拟预测值,计算隶属度,组成隶属度矩阵,并归一化,最后结合权重计算并判定承载力等级。

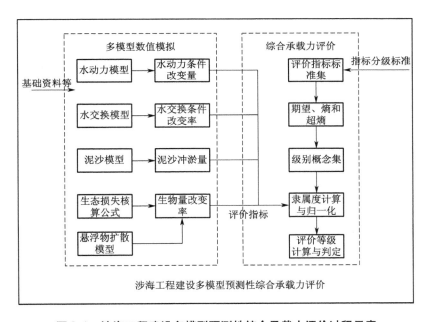

图 8.1　涉海工程建设多模型预测性综合承载力评价过程示意

图 8.1 是涉海工程建设多模型预测性综合承载力评价过程示意,过程中存在多个数值模拟预测模型,其中针对水动力、水交换、悬浮物扩散和泥沙冲淤等海洋动力问题,国内外已研发了多种数值方法与数学模型(车进胜等,2003),如 POM 模式(夏长水,2005)、ECOM 模式(Wang et al, 2014)、EFDC 模式(姜恒志等,2009)、MITgcm 模式(连展,2008)等,均具有较高的模拟预测精度,在水动力、水环境、泥沙等研究领域得到了广泛的应用。其中,由丹麦水资源及水环境研究所(DHI)研发的 MIKE 系列软件,具有研究领域全面、研究范围广泛的特点,实现了多种数学模型的有机耦合,非常适合方便、快捷的工程应用。

8.2 涉海工程建设多模型预测性综合承载力评价方法工程应用

8.2.1 天津港东疆港区第二港岛

1. 研究区域

天津港东疆港区第一港岛自围垦建设以来,土地利用率非常高,进展迅速,其中保税港区 90% 的地块和配套服务区 50% 以上的地块均已出让完毕,即将进入收官阶段。随着北方国际航运中心等一系列重大政策的实施,天津港东疆港区亟须寻求新的发展空间,推动其建设成为自由贸易港区,以承载其国际高端的产业职能。天津港东疆港区第二港岛位于东疆第一港岛以东(如图 8.2 所示),规划面积 40 多 km²,拟开发为综合型自由贸易港区,包括都市商业区、岛屿居住区、旅游度假区、海事研创区、物流仓储区以及码头区共 6 个区域。

2. 评价过程与结果

选取潮流流速、泥沙冲淤、水交换率 3 个水文动力因素指标,通过 MIKE21 水动力、水交换、泥沙数学模型模拟预测,结合云理论综合评价方法,科学评价天津港东疆港区第二港岛工程建设的承载能力。

根据潮流流速、泥沙冲淤、水交换率 3 个评价指标,选取相应的指标分级标准(杨顺良等,2008;索安宁等,2012),构成评价指标标准集,见表 8.1。

表 8.1 评价指标分级标准

评价指标	承载力等级			
	轻微影响 (Ⅰ)	一般影响 (Ⅱ)	显著影响 (Ⅲ)	毁灭性影响 (Ⅳ)
涨潮流速改变量/(cm/s)	0~5	5~10	10~20	20~Max[1]
落潮流速改变量/(cm/s)	0~5	5~10	10~20	20~Max[2]
泥沙冲淤/(cm/a)	0~5	5~10	10~20	20~Max[3]
水交换变化率/%	0~5	5~10	10~20	20~Max[4]

注:表中 Max[1]~Max[4] 采用选取待评价指标最大值的处理方式。

采用 MIKE21 水动力、水交换、泥沙数学模型进行模拟预测,并通过涉海工程建设前后各评价指标对比分析,获得评价指标预测值与改变量,见表 8.2。

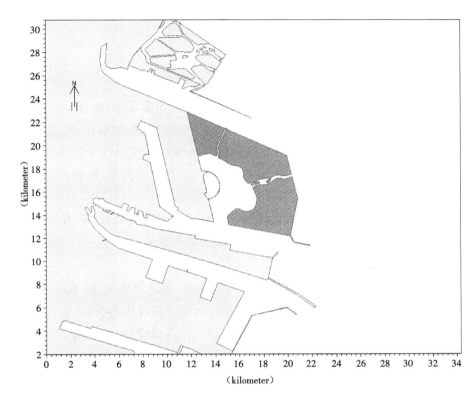

图8.2 天津港东疆二港岛位置示意

表8.2 评价指标多模型模拟预测值

评价指标		指标预测值
水文动力	涨潮流速改变量/(cm/s)	7.66
	落潮流速改变量/(cm/s)	5.66
	泥沙冲淤/(cm/a)	2
	水交换变化率/%	1

结合表8.1和表8.2,按云理论综合评价方法步骤,进行计算和综合评价,获得天津港东疆港区第二港岛涉海工程建设对天津海域的综合影响,最终预测评价结果为影响程度轻微(Ⅰ),可以接受。

通过水文动力指标评价天津港东疆港区第二港岛涉海工程建设的影响程度为轻微,半岛式、离岸式的用海模式是其主要原因,但海洋水环境、水生态、沉积物底质等多种因素尚未引入评价体之中,其势必更加有助于科学、充分和全面地评判涉海工程建设的环境生态影响。

8.2.2　锦州港龙栖湾港区

1.研究区域

锦州港龙栖湾港区位于辽东湾湾顶西部,锦州市西南海滨,地理坐标东经121°14′,北纬40°53′。港区所属龙栖湾新区辖境,北依松岭山脉,南临渤海,西与滨海新区白沙湾行政生活区毗邻,东与锦州凌海市接壤,陆路距阜新118 km、朝阳105 km,水路距营口港56 km、大连港262 km,地理位置优越,是东北西部、内蒙古东部地区最便捷的出海口之一,是辽宁沿海经济带的重要组成部分。

为更好的支撑并科学评价锦州港龙栖湾港区总体规划环境影响,开展锦州港龙栖湾港区涉海工程建设多模型预测性综合承载力评价研究。

2.评价过程

结合影响海域生态系统多因素耦合作用的特点,选取潮流流速、泥沙冲淤、水交换率3个水文动力因素指标和浮游动物、底栖生物两个海洋生态指标,通过涉海工程建设多模型预测性综合承载力评价,科学分析涉海工程建设的环境生态影响程度,为近岸海域海洋管理与环境保护等提供科学依据。

根据上述指标选取相应的指标分级标准(杨顺良等,2008;索安宁等,2012),见表8.3。

表8.3　评价指标分级标准

评价指标		承载力等级			
		轻微影响 (Ⅰ)	一般影响 (Ⅱ)	显著影响 (Ⅲ)	毁灭性影响 (Ⅳ)
水文 动力	涨潮流速改变量/(cm/s)	0~5	5~10	10~20	20~Max[1]
	落潮流速改变量/(cm/s)	0~5	5~10	10~20	20~Max[2]
	泥沙冲淤/(cm/a)	0~5	5~10	10~20	20~Max[3]
	水交换变化率/%	0~5	5~10	10~20	20~Max[4]
海洋 生态	浮游动物生物量变化率/%	0~15	15~60	60~80	80~100
	底栖生物生物量变化率/%	0~15	15~60	60~80	80~100

注:表中Max[1]~Max[4]采用选取待评价指标最大值的处理方式。

其中,浮游动物和底栖生物生物量变化率最低标准(20%)的取值是以自然变化率为基础的,研究中以2009年和2010年的生物量为基础,计算其变化率,为

15.34%,同时考虑监测过程和动物分布的偶然性等多种不确定性因素的影响,将其指标值取为更严格的15%。

采用MIKE21潮流水动力、水交换、悬浮物扩散和泥沙数值模拟以及生物量损失核算,获得涉海工程建设前后各评价指标的多模型模拟预测值与改变量,见表8.4。

表8.4 评价指标多模型模拟预测值

评价指标		指标预测值
水文动力	涨潮流速改变量/(cm/s)	8.1
	落潮流速改变量/(cm/s)	7.9
	泥沙冲淤/(cm/a)	5
	水交换变化率/%	1.13
海洋生态	浮游动物生物量变化率/%	8.13
	底栖生物生物量变化率/%	11.04

结合表8.3和表8.4,按云理论综合评价方法步骤,进行计算与综合评价,获得涉海工程建设对锦州湾海域的综合承载力影响,最终预测评价结果为影响程度一般(Ⅱ),可以接受。

通过天津港东疆港区第二港岛和锦州港龙栖湾港区两个涉海工程建设多模型预测性综合承载力评价实例研究可见如下方面。

①以基于单指标预测的综合承载力评价预测理论为核心的涉海工程建设多模型预测性综合承载力评价方法,将综合承载力系统有机拆分为水动力、水交换、泥沙、生态等多个子系统,通过数学模型模拟预测各子系统主要评价指标,最终评价涉海工程建设承载能力。整个方法体系较为复杂,但科学合理,可以作为管理部门决策的重要手段和依据。

②尽管更多更全面的水文动力、水环境、水生态、沉积物底质等评价指标的纳入,能更加有助于科学、充分和全面地评判涉海工程建设的环境生态影响与承载力。但目前的数学模型和物理模型只能做短期的模拟预测,无法衡量涉海工程建设的长期影响,特别是泥沙冲淤以及生态系统的长期变化。因此,长期、连续的监测工作是非常必要的,其不仅体现了环境系统最真实的改变,监测数据也能为相关领域的研究工作提供巨大的支撑。

参考文献

[1] SEIDL I, TISDELL C A. Carrying capacity reconsidered:from Malthus' population theory to cultural carrying capacity[J]. Ecological Economics, 1999, 31(3): 395-408.

[2] 贾振邦,赵智杰,李继超,等.本溪市水环境承载力及指标体系[J].环境保护科学,1995, 21(3):8-11.

[3] 程国栋.承载力概念的演变及西北水资源承载力的应用框架[J].冰川冻土, 2002,24(4):361-367.

[4] 毛汉英,余丹林.区域承载力定量研究方法探讨[J].地球科学进展,2001,16 (4):549-555.

[5] 王俭,孙铁珩,李培军,等.基于人工神经网络的区域水环境承载力评价模型及其应用[J].生态学杂志,2007,26(1):139-144.

[6] REES W E. Ecological footprints and appropriated carrying capacity:what urban economics leaves out[J]. Environment and Urbanization, 1992, 4(2): 121-130.

[7] CLARKE A L. Assessing the carrying capacity of the Florida keys[J]. Population and Environment, 2002,23(4):405-418.

[8] CHEN C H, WU R S, Liaw S L, et al. A study of water-land environment carrying capacity for a river basin[J]. Water Science & Technology, 2000, 4 (3-4): 389-396.

[9] 惠泱河,蒋晓辉,黄强,等.水资源承载力评价指标体系研究[J].水土保持通报,2001,21(1):30-34.

[10] 韩增林,狄乾斌,刘锴.海域承载力的理论与评价方法[J].地域研究与开发, 2006,25(1):1-5.

[11] 狄乾斌,韩增林.海域承载力的定量化探讨——以辽宁海域为例[J].海洋通报,2005,24(1):47-55.

[12] 曾敏.环渤海地区区域承载力时空评价与预测[D].北京:中国地质大学,2006.

[13] 蒋晓辉,黄强,惠泱河,等.陕西关中地区水环境承载力研究[J].环境科学学

报,2001,21(3):312-317.

[14] 赵卫,刘景双,孔凡娥.辽河流域水环境承载力的仿真模拟[J].中国科学院研究生院学报,2008,25(6):738-747.

[15] 符国基,徐恒力,陈文婷.海南省自然生态承载力研究[J].自然资源学报,2008,23(3):412-421.

[16] 王开运,邹春静,孔正红,等.生态承载力与崇明岛生态建设[J].应用生态学报,2005,16(12):2447-2453.

[17] 曾维华,杨月梅.环境承载力不确定性多目标优化模型及其应用——以北京市通州区区域战略环境影响评价为例[J].中国环境科学,2008,28(5):667-672.

[18] 惠泱河,蒋晓辉,黄强,等.二元模式下水资源承载力系统动态仿真模型研究[J].地理研究,2001,20(2):191-198.

[19] 张天宇.青岛市环境承载力综合评价研究[D].青岛:中国海洋大学,2008.

[20] 张衍广.山东省水土资源承载力的多尺度分析和统计—动力预测[D].南京:南京师范大学,2008.

[21] 陈楷根.区域环境承载力理论及其应用[D].福州:福建师范大学,2002.

[22] 杨维,刘萍,郭海霞.水环境承载力研究进展[J].中国农村水利水电,2008(12):66-69.

[23] 魏宏森,曾国屏.系统论——系统科学哲学[M].北京:世界图书出版公司,2009.

[24] 张波,虞朝晖,孙强,等.系统动力学简介及其相关软件综述[J].环境与可持续发展,2010(2):1-4.

[25] 杨梅忠,孟东芳,贾少杰,等.系统动力学在榆林市环境承载力预测分析中的应用研究[J].煤炭工程,2011(3):108-110.

[26] 彭利民,贾永飞,邵波,等.基于生态足迹模型的山东半岛区域可持续发展研究[J].生态经济,2011(5):95-99.

[27] 李新,石建屏,曹洪.基于指标体系和层次分析法的洱海流域水环境承载力动态研究[J].环境科学学报,2011,31(6):1338-1344.

[28] 吴殿廷,李东方.层次分析法的不足及其改进的途径[J].北京师范大学学报:自然科学版,2004,40(2):264-268.

[29] 李跃鹏,杨莉,陈南祥.基于模糊综合评判方法的县域水资源承载力分析[J].华北水利水电学院学报,2010,31(4):14-16.

[30] 李明昌,梁书秀,孙昭晨.人工神经网络在潮汐预测中应用研究[J].大连理工大学学报,2007,47(1):101-105.

[31] 柴磊.人工神经网络在汉江上游水环境承载力中的应用研究[D].西安:西安理工大学,2007.

[32] 董益华,王延辉,李跃鹏.基于多目标遗传算法的水资源承载力模型研究[J].黑龙江水专学报,2007,34(3):41-43.

[33] 李淑霞.人工神经网络结合遗传算法在城市水环境极限承载力中的应用研究[D].银川:宁夏大学,2004.

[34] 李玮,肖伟华,秦大庸,等.水环境承载力研究方法及发展趋势分析[J].水电能源科学,2010,28(11):30-32.

[35] 王维维,孟江涛,张毅.基于主成分分析的湖北省水资源承载力研究[J].湖北农业科学,2010,49(11):2764-2767.

[36] 姚治华,王红旗,郝旭光.基于集对分析的地质环境承载力研究——以大庆市为例[J].环境科学与技术,2010,33(10):183-189.

[37] 曹玉升,陈晓楠,张伟,等.云综合评判模型在区域水资源承载力评价中的应用[J].华北水利水电学院学报,2010,31(4):17-20.

[38] 赵琳,郗亚丽.泰安市相对资源承载力分析及 ARIMA 模型预测[J].临沂师范学院学报,2010,32(6):96-99.

[39] LI MINGCHANG, ZHOU BIN, LIANG SHUXIU, et al. The pilot study on prediction method by artificial neural network for carrying capacity of coastal zone[C]// The 2nd International IEEE Workshop on Intelligent Systems and Applications, 2010, 1402-1404.

[40] LI MINGCHANG, SI QI, LI GUANGLOU, et al. Predictive comprehensive carrying capacity assessment for marine reclamation with hydrodynamics, ecology and sediment[J]. Applied Mechanics and Materials, 2014(522-524): 774-777.

[41] SOLOMATINE D P. Data-driven modelling: paradigm, methods, experiences [C]//Proc. 5th International Conference on Hydroinformatics. Cardiff London UK: IWA Publishing, 2002, 757-763.

[42] McCULLOCH W S, PITTS W. A logical calculus of the ideas immanent in nervous activity[J]. Bulletin of Mathematical Biophysics, 1943, 5(4): 115-133.

[43] RUMELHART D E, HINTON G E, WILLIAMS R J. Learning representations by back propagating errors[J]. Nature, 1986, 323(9): 533-536.

[44] 李明昌,梁书秀,孙昭晨. 异常天气条件下潮位过程神经网络补遗预测方法的研究[J]. 计算力学学报,2008,25(3):368-372.

[45] 吴士力. 通俗模糊数学与程序设计[M]. 北京:中国水利水电出版社,2008.

[46] 赵克勤. 集对分析及其初步应用[M]. 杭州:浙江科学技术出版社,2000.

[47] 王文圣,金菊良,丁晶,等. 水资源系统评价新方法——集对评价法[J]. 中国科学 E 辑:技术科学,2009,39(9):1529-1534.

[48] 程乾生. 属性识别理论模型及其应用[J]. 北京大学学报:自然科学版,1997,33(1):14-22.

[49] 李德毅,杜鹢. 不确定性人工智能[M]. 北京:国防工业出版社,2005.

[50] 付斌,李道国,王慕快. 云模型研究的回顾与展望[J]. 计算机应用研究,2011,28(2):420-426.

[51] 李明昌,张光玉,司琦,等. 区域综合承载力的多子系统非线性集对耦合评价[J]. 北京理工大学学报,2011,31(12):1479-1484.

[52] 钱挹清. 应用模糊综合评判法进行东莞市水资源规划宏观经济社会效益评价[J]. 珠江现代建设,2006(6):1-3,8.

[53] BOX G E P,JENKINS G M,REINSEL G C. 时间序列分析:预测与控制[M]. 北京:中国统计出版社,1997.

[54] HORNIK K. Approximation capabilities of multilayer feedforward networks[J]. Neural Networks, 1991, 4(2): 251-257.

[55] HORNIK K,STINCHCOMBE M,WHITE H. Multilayer feedforward networks are universal approximators[J]. Neural Networks,1988, 2(5): 359-366.

[56] 文新辉,陈开周. 一种基于神经网络的非线性时间序列模型[J]. 西安电子科技大学学报, 1994,21(1):73-78.

[57] 宋伦,周遵春,王年斌,等. 辽宁省近岸海洋环境质量状况与趋势评价[J]. 水产科学,2007,26(11):613-618.

[58] 中华人民共和国国家质量监督检疫总局. GB/T 12763.8—2007 海洋调查规范 第 8 部分:海洋地质地球物理调查[S]. 北京:中国标准出版社,2007:8-9.

[59] 孙连成,张娜,陈纯. 淤泥质海岸天津港泥沙研究[M]. 北京:海洋出版社,2010.

[60] 徐永红,高直,金海龙,等. 平行坐标原理与研究现状综述[J]. 燕山大学学报,2008,32(5):389-392.

[61] 国家 ZF 境保护局. GB 3097—1997 海水水质标准[S]. 北京:中国环境科学出

版社,1997:2-3.

[62] 中华人民共和国国家质量监督检验检疫总局. GB 18668—2002 海洋沉积物质量[S]. 北京:中国标准出版社,2002:1-2.

[63] 胡国华,武洪涛,张震宇. 黄河小浪底水库水质趋势分析[J]. 地域研究与开发,2003,22(4):85-87.

[64] 张茹,宓永宁,郭海军. 柴河水库水质演变趋势分析[J]. 人民黄河,2009,31(4):67,69.

[65] 岳力. 辽宁省近岸海域水质生物指标及变化趋势分析[J]. 海洋科学,2005,29(6):84-88.

[66] 陈水蓉. 趋势分析在水质管理中的应用研究[D]. 天津:天津师范大学,2010.

[67] 杨帆,王志坚,娄渊胜. 时间序列趋势分析方法的一种改进[J]. 计算机技术与发展,2006,16(5):82-84.

[68] 贾小勇,徐传胜,白欣. 最小二乘法的创立及其思想方法[J]. 西北大学学报:自然科学版,2006,36(3):507-511.

[69] 邹乐强. 最小二乘法原理及其简单应用[J]. 科技信息,2010(23):282-283.

[70] 郭新波. 灰色动态模型在汾河水质趋势分析和预测中的应用[J]. 山西地质,1992,7(2):253-256.

[71] LI MINGCHANG, ZHAO YINGJIE. Trend analysis and quality assessment of sediment in the marina district with high strength exploitation[J]. Applied Mechanics and Materials, 2014, 587-589: 865-868.

[72] ZHAO YINGJIE, LI MINGCHANG, CAO YUANYUAN. Multi-scale analysis of marine environmental situation in the Caofeidian nearshore district[J]. Advanced Materials Research, 2014,937:659-662.

[73] 李士虎,吴建新,李庭古,等. 赤潮的危害、成因及对策[J]. 水利渔业,2003,23(6):38-39,54.

[74] 天津市地方志编修委员会. 中国天津通鉴[M]. 北京:中国青年出版社,2005.

[75] 天津市塘沽区地方志编修委员会. 塘沽区志[M]. 天津:天津社会科学院出版社,1996.

[76] 天津市汉沽区地方志编修委员会. 汉沽区志[M]. 天津:天津社会科学院出版社,1995.

[77] 天津市大港区地方史志编修委员会. 大港区志[M]. 天津:天津社会科学院出版社,1994.

[78] 中华人民共和国国家质量监督检验检疫总局. GB 18421—2001 海洋生物质量[S]. 北京:中国标准出版社,2001:1-2.

[79] 中华人民共和国环境保护部. HJ 442—2008 近岸海域环境监测规范[S]. 北京:中国环境科学出版社,2009:23.

[80] 中华人民共和国国家质量监督检验检疫总局,中国国家标准化管理委员会. GB 3095—2012 环境空气质量标准[S]. 北京:中国标准出版社,2012:3.

[81] 甄春阳,赵成武,朱文姝. 从京津冀雾霾天气浅议我国能源结构调整的紧迫性[J]. 中国科技信息,2014(7):45-46.

[82] 李春,郭晶. 2013—2014 年冬季天津地区连续雾霾天气对设施农业生产的影响[J]. 天津农林科技,2014,239(3):36-37.

[83] 孟晓艳,余予,张志富,等. 2013 年 1 月京津冀地区强雾霾频发成因初探[J]. 环境科学与技术,2014,37(1):190-194.

[84] 张小玲,唐宜西,熊亚军,等. 华北平原一次严重区域雾霾天气分析与数值预报试验[J]. 中国科学院大学学报,2014,31(3):337-344.

[85] 姚青,蔡子颖,韩素芹,等. 天津冬季雾霾天气下颗粒物质量浓度分布与光学特性[J]. 环境科学研究,2014,27(5):462-469.

[86] 彭香葱,左华. 陆源污染对青岛近岸海域环境影响及防治措施[J]. 青岛理工大学学报,2012,33(2):88-92.

[87] 李绪录,张军晓,史华明,等. 深圳湾及邻近沿岸水域总溶解氮的分布、组成和来源及氮形态的转化[J]. 环境科学学报,2014,34(8):2027-2034.

[88] 国家环境保护总局,国家质量监督检验检疫总局. GB 3838—2002 地表水环境质量标准[S]. 北京:中国环境科学出版社,2003:2.

[89] 张军岩,于格. 世界各国(地区)围海造地发展现状及其对我国的借鉴意义[J]. 国土资源,2008(8):60-62.

[90] 刘伟,刘百桥. 我国围填海现状、问题及调控对策[J]. 广州环境科学,2008(2):26-30.

[91] 刘荣杰,张杰,马毅. 三沙湾 30 余年来围填海遥感监测与分析[J]. 海洋开发与管理,2014(9):17-21.

[92] 罗章仁. 香港填海造地及其影响分析[J]. 地理学报,1997,52(3):30-37.

[93] 沈新强,袁琪. 环境污染对渔业损害的鉴定与评估[J]. 中国渔业质量与标准,2014,4(3):1-5.

[94] 2004—2009 年中国海洋环境质量公报[R]. 北京:国家海洋局,2005-2010.

[95] 2010—2013 年中国海洋环境状况公报［R］．北京：国家海洋局，2011-2014．

[96] 2004—2013 年天津市环境状况公报［R］．天津：天津市环境保护局，2005-2014．

[97] 2004—2010 年天津市海洋环境质量公报［R］．天津：天津市海洋局，2005-2011．

[98] 2011—2013 年天津市海洋环境状况公报［R］．天津：天津市海洋局，2012-2014．

[99] 2004—2013 年中国水资源公报［R］．北京：中华人民共和国水利部，2005-2014．

[100] 2004—2006 年天津市水资源公报［R］．天津：天津市水利局，2005-2007．

[101] 2007—2013 年天津市水资源公报［R］．天津：天津市水务局，2008-2014．

[102] 2004—2013 年中国海洋灾害公报［R］．北京：国家海洋局，2005-2014．

[103] 范翠英．天津市水资源可持续利用研究［D］．天津：天津理工大学，2013．

[104] 刘婧尧，胡雨村，金相哲．基于系统动力学的天津市水资源可持续利用［J］．华中师范大学学报：自然科学版，2014，48（1）：106-111．

[105] 万晓明．水资源可持续利用标准体系研究［D］．南京：河海大学，2005．

[106] 天津市塘沽区统计局．2004—2011 年塘沽区国民经济和社会发展统计年鉴［M］．2005-2012．

[107] 天津市汉沽区统计局．2004—2010 年天津市汉沽区统计年鉴［M］．2005-2011．

[108] 天津市滨海新区汉沽统计局．2011 年天津市滨海新区汉沽统计年鉴［M］．2012．

[109] 天津市大港区统计局．2004—2008 年大港统计年鉴［M］．2005-2009．

[110] 天津市滨海新区大港统计局．2009—2010 年大港统计年鉴［M］．2010-2011．

[111] 天津市滨海新区统计局．2004—2013 年天津滨海新区统计年鉴［M］．北京：中国统计出版社，2005-2014．

[112] 天津市统计局．2004—2013 年天津统计年鉴［M］．北京：中国统计出版社，2005-2014．

[113] 孔大为，王静，曲东．塘沽区环境空气中 SO_2 浓度变化及其原因分析［J］．西北农业学报，2009，18（5）：359-362．

[114] 冀媛媛．天津滨海新区海岸带盐碱地生态化发展研究［D］．天津：天津大

学,2009.

[115]   邓红霞,李存军,朱兵,等.基于集对分析法的生态承载能力综合评价方法
         [J].长江科学院院报,2006,23(6):35-38.

[116]   李凡修,陈武.海水水质富营养化评价的集对分析方法[J].海洋环境科学,
         2003,22(2):72-74.

[117]   李明昌,张光玉,尤学一.海洋水环境质量评价的非线性隶属函数集对分析
         方法[J].河北工业大学学报,2010,39(6):81-86.

[118]   李明昌,张光玉,司琦,等.非线性隶属函数集对分析方法在海域水质评价中
         的应用[J].水资源与水工程学报,2011,22(4):70-75.

[119]   李健,杨丹丹,高杨.基于状态空间模型的天津市环境承载力动态测评[J].
         干旱区资源与环境,2014,28(11):25-30.

[120]   杨顺良,罗美雪,等.福建省海湾围填海规划环境影响预测性评价[M].北
         京:科学出版社,2008.

[121]   车进胜,周作付,胡学,等.河口海岸水动力模拟技术研究的进展[J].台湾海
         峡,2003,22(1):125-129.

[122]   夏长水.基于POM的浪流耦合模式的建立及其在大洋和近海的应用[D].
         青岛:中国海洋大学,2005.

[123]   王莹,李明昌.温排水排放对长江的水质研究[J].环境保护前沿,2014,4
         (1B):1-7.

[124]   姜恒志,沈永明,汪守东.瓯江口三维潮流和盐度数值模拟研究[J].水动力
         学研究与进展A辑,2009,24(1):63-70.

[125]   连展.MITgcm模式在中国近海环流研究中的应用[D].青岛:国家海洋局第
         一海洋研究所,2008.

[126]   索安宁,张明慧,于永海等.曹妃甸围填海工程的环境影响回顾性评价[J].
         中国环境监测,2012,28(2):105-110.